W0110246

Das Versteck der Andromeda

Ian Stewart

Das Versteck der Andromeda

17 mathematische Kurzgeschichten
aus Spektrum der Wissenschaft

Spektrum Akademischer Verlag · Berlin · Heidelberg · Oxford

Die Deutsche Bibliothek – CIP-Einheitsaufnahme

Stewart, Ian:
Das Versteck der Andromeda / 17 mathematische Kurzgeschichten aus Spektrum der
Wissenschaft / Ian Stewart. – Heidelberg ; Berlin ; Oxford : Spektrum, Akad. Verl.,
1996
    ISBN 3-8274-0026-0

© 1996 Spektrum Akademischer Verlag GmbH Heidelberg · Berlin · Oxford

© deutsche Übersetzung der einzelnen Beiträge 1991, 1992, 1993 bei Spektrum der
Wissenschaft Verlagsgesellschaft mbH, Heidelberg

Alle Rechte, insbesondere die der Übersetzung in fremde Sprachen, sind vorbehalten.
Kein Teil des Buches darf ohne schriftliche Genehmigung des Verlages photokopiert
oder in irgendeiner anderen Form reproduziert oder in eine von Maschinen verwendbare
Sprache übertragen oder übersetzt werden.

Lektorat: Katharina Neuser-von Oettingen / Sabine Berger(Ass.)
Copy-editing: Marianne Vollmer
Produktion: Brigitte Trageser
Einbandgestaltung: Kurt Bitsch, Birkenau
Druck und Verarbeitung: Franz Spiegel Buch GmbH, Ulm

Inhaltsverzeichnis

1
Bedingte Wahrscheinlichkeiten: Das Versteck der Andromeda

Wie eine verblüffende Möglichkeit, aus einer scheinbar ganz nutzlosen Information Vorteil zu ziehen, die Gemüter jenseits und diesseits des Atlantiks bewegte.

Pegasau, das korpulente fliegende Schwein, krachte mit einem schweren Plumps in den Sand; es war eine perfekte Drei-Punkt-Landung: auf einer Schnauze und zwei Knien. Luftpassagier Perseus wühlte sich aus der Düne, in die er unsanft geschleudert worden war, und reckte eifrig den Hals nach der blondgelockten Andromeda. Es wäre einfacher, dachte er, wenn das Nachbeben endlich aufhörte.

Das Versteck der Andromeda

„Komisch", sagte er, als er sich schließlich befreit hatte, „meines Wissens sollte sie irgendwo an einen Felsen gebunden sein."

„Das ist sie auch, darauf kannst du Gift nehmen", entgegnete Pegasau. „Da drüben, in einer der drei Höhlen. Die Flut steigt in dieser Gegend ziemlich hoch, und sie wird die Höhlen bestimmt unter Wasser setzen."

„Großartig!" erwiderte Perseus sarkastisch, während sie auf die Höhlen zumarschierten. „Die Eingänge sind mit Felsbrocken versperrt!"

„Wenn du Hippolyts magischen Gürtel an meinen Schwanz und das andere Ende an einen der Felsen bindest, können wir ihn leicht wegwuchten."

„Wahrhaftig", meinte der Held, „dann laß uns doch gleich bei der Höhle dort anfangen."

„Hmm", zögerte das Schwein.

„Hmm was?"

„Hast du nicht etwas vergessen?"

„Was sollte ich vergessen haben, du Riesenschmalztopf?"

„Daß in den beiden Höhlen, in denen Andromeda nicht ist, die Gorgo Medusa und ihre Schwester Stheno lauern. Die Ungeheuer können uns durch ihren bloßen Blick in Stein verwandeln."

„Ha! Ich habe doch meinen trutzigen goldenen Schild dabei, der den starr machenden Blick auf seinen Urheber zurückwirft", gab Perseus triumphierend zurück.

„Das ist ein eiserner Schild, und das Wort trutzig hast du wohl mit rostig verwechselt."

„Uns bleibt sowieso nichts anderes als zu raten."

„Du mußt vielleicht raten", sagte das Schwein, „aber uns Pegasäuen hat die Göttin Demeter verborgene Fähigkeiten verliehen. Ich weiß, in welcher Höhle Andromeda ist."

„Super! Dann schnell heraus mit der Sprache!"

„Unglücklicherweise haben wir Pegasäue Stillschweigen gelobt, und wenn wir unsere geheimen Kenntnisse offenbaren, dann macht Demeter Pökelfleisch in Aspik aus uns."

Perseus dachte darüber nach. „Ich gebe dir eine Möhre, wenn du es mir sagst", bot er an.

Pegasau schwankte einen Moment. Oh, du gefräßiges Ferkel, schalt sie sich schnell selbst und schüttelte den Kopf. „Aber ich kann dir eine kleine Hilfestellung geben."

„Welche?"

„Zunächst kann ich dir verraten, daß die Wahrscheinlichkeit, daß sich Andromeda in einer bestimmten Höhle befindet, für alle Höhlen gleich ist, nämlich ein Drittel. Und wenn du auf eine Höhle getippt hast, werden wir sehen, was ich dir noch gefahrlos mitteilen darf."

„Nun, wenn du darauf bestehst. Ich rate, daß ... Andromeda ... in der mittleren Höhle ist."

„Ausgezeichnet", sagte das fliegende Schwein, „nun kann ich dir enthüllen, daß in der linken Höhle eine Gorgo hockt."

Perseus schlug ärgerlich mit seinem Schwert auf den Boden. „Du dummes Schwein, wie soll mir das helfen?"

„Ich dachte, diese Information bewegt dich vielleicht dazu, deine Meinung zu ändern."

„Nun hör aber auf! Das ist doch idiotisch! Schließlich muß in wenigstens einer Höhle, die ich nicht gewählt habe, eine Gorgo lauern. Wie soll es mir dabei helfen, die richtige Höhle zu finden, wenn du mir nur verrätst, in welcher eine Gorgo hockt? Was ich wissen muß ist, in welcher Andromeda schmachtet!"

„Du bleibst also bei deiner Wahl?"

„Warum nicht? Du hast doch nichts anderes gemacht, als die Wahlmöglichkeiten zu verringern. Ich weiß jetzt, daß Andromeda entweder in der mittleren oder der rechten Höhle gefangen sitzt. Die Wahrscheinlichkeit, daß sie in der ist, die ich gewählt habe – also in der mittleren –, ist fifty-fifty. Warum also sollte ich meine Wahl ändern?"

„Ganz wie du willst," meinte Pegasau. „Nur..."

„Nur was?" schrie Perseus wutentbrannt und rannte zur mittleren Höhle.

„Du könntest deine Chancen, richtig zu liegen, verdoppeln, wenn du deine Meinung ändern würdest", gab das fliegende Schwein zu bedenken.

„Wie bitte? Du aufgedunsene Blutwurst hast wohl nicht alle Tassen im Schrank!"

Bild 1: Perseus wird bei der Suche nach Andromeda von Pegasau beraten. Nachdem er auf die mittlere Höhle getippt hat, eröffnet ihm das fliegende Schwein, daß in der linken eine Gorgo lauert, und daß sich seine Chance, nicht von einem Gorgonenblick versteinert zu werden, glatt verdoppeln würde, wenn er sich umentschiede.

Ein fruchtloser Überzeugungsversuch

Das Schwein schüttelte seine gewaltige Schnauze, und der Ringelschwanz am anderen Ende wackelte aus Sympathie mit. „Schau! Die Chancen, daß Andromeda in der mittleren Höhle sitzt, stehen eins zu drei, nicht wahr?"

„Wie du sagst!"

„Gut. Die Wahrscheinlichkeit, daß du damit falsch liegst, ist doppelt so hoch wie die, daß du richtig getippt hast. Um genau zu sein: Die Wahrscheinlichkeit, daß du recht hast, beträgt 1/3 und die, daß du daneben liegst, 2/3. Stimmt's?"

„Natürlich!"

„Ich bin ganz deiner Meinung. Aber laß uns weiter sehen. Wenn du richtig getippt hattest und nun zur rechten Höhle wechselst, dann werden wir beide von einer Gorgo versteinert. Hattest Du aber danebengetippt und in der Höhle in der Mitte lauert eine der beiden schrecklichen Schwestern, dann muß Andromeda in der rechten Höhle sein; denn die linke habe ich ja freundlicherweise schon eliminiert. Das heißt, wenn Du recht hattest und dich umentscheidest, werden wir beide bemerkenswert lebensechte Standbilder sein; hattest Du aber unrecht und wechselst jetzt, dann erwischen wir die blondlockige Andromeda."

„Ja, ja! Aber was soll das?"

„Die Sache ist die: Wir waren uns doch gerade einig, daß du bei deiner ersten Wahl mit doppelt so großer Wahrscheinlichkeit falsch wie richtig getippt hast. Wenn du dich also umentscheidest, liegst du mit doppelt so großer Wahrscheinlichkeit richtig wie falsch. Du kannst es dir also an den fünf Fingern abzählen: Deine Chancen, Andromeda zu finden, betragen 2/3, wenn du wechselst, und nur 1/3, wenn du bei deiner ersten Wahl bleibst."

„Aber ---" Perseus sank in den Sand und stützte verzweifelt den Kopf in die Hände. „Oh du kolossaler Fettkloß, du weißt doch, daß Helden jeder Sinn für höhere Mathematik abgeht! Woher bei Zeus soll ich wissen, welches Argument richtig ist?"

„Du könntest einem wohlmeinenden Rat vertrauen und darauf bauen, daß du Schwein hast", schlug der Fettkloß vor.

„Nein! Die Chancen müssen gleich sein! Du hast eine Höhle eliminiert, also sind noch zwei da, von denen ich eine wählen muß. Jede ist mit gleicher Wahrscheinlichkeit richtig!"

„Das war nicht die Reihenfolge, in der wir vorgegangen sind", murmelte das geflügelte Borstenvieh. Laut sagte es: „Gut, du weißt es besser. Wir Pegasäue werden sowieso bald ausgestorben sein und allenfalls noch für ein billiges Wortspiel taugen. Warum also sollte es mich kümmern, ob du die höhere Mathematik begreifst oder nicht? Lieber würde ich zur marmornen Statue meiner selbst, als in Aspik zu enden. Also mach nur, was du für richtig hältst."

„Genau das habe ich vor", schnaubte Perseus. Diese fliegenden Schweine sind wirklich unausstehlich. Aber da kann man nichts machen. Die kleinen Dicken tragen die Schnauze immer besonders hoch. Er band Pegasau mit Hippolyts magischem Gürtel an den mittleren Felsbrocken und schlug dem Biest kräftig auf seinen fetten Steiß. Der Felsbrocken gab ächzend den Eingang frei und ...

Geben Sie Ihre Wette ab, meine Damen und Herren!

Ich biete eine Quote von drei zu zwei, daß Perseus unrecht hat. Wenn seine Chancen, wie er meint, tatsächlich fifty-fifty stehen, dann werden Sie im Mittel gewinnen. Hat dagegen seine treue Pegasau recht, dann ist das Risiko, daß Perseus danebenliegt, zwei zu eins, und Sie werden auf lange Sicht verlieren. Ich mache gern so viele Durchgänge, wie Sie wollen. Hier noch einmal die Ausgangssituation und das Verfahren:

– Andromeda sitzt bestimmt in einer der drei Höhlen gefangen. Die Wahrscheinlichkeit, daß sie sich in einer bestimmten Höhle befindet, beträgt jeweils 1/3.

– Zuerst wählt Perseus eine Höhle.

– Dann zeigt Pegasau auf eine der beiden anderen Höhlen und gibt (wahrheitsgemäß) bekannt, daß darin eine Gorgo hockt.

– Danach erhält Perseus die Gelegenheit, seine ursprüngliche Wahl zu revidieren. Er bleibt aber bei seiner Entscheidung, und ich wette drei gegen zwei, daß das ein Fehler ist. Wenn also Andromeda in der Höhle sitzt, die Perseus gewählt hat, zahle ich Ihnen drei Mark. Lauert in der Höhle dagegen eine Gorgo, dann schulden Sie mir zwei Mark. Nehmen Sie an?

Experimentelle Bestätigung

Statt mit Nachdenken kann man die Streitfrage selbstverständlich auch experimentell zu klären versuchen. Es ist nicht schwer, ein Computerprogramm zu schreiben, welches das Problem simuliert; das kann man dann viele Male ablaufen lassen und einfach mitzählen, wie oft Perseus gewinnt und wie oft nicht. Ich selbst habe zunächst ein weniger anspruchsvolles Experiment gemacht, für das man anstelle eines Computers nur eine Standard-Tabelle mit Zufallszahlen braucht; in meinem Falle waren es die „Cambridge Elementary Statistical Tables". Damit sind alle subjektiven Faktoren ausgeschlossen, und Sie können meine Rechnungen im Prinzip nachprüfen.

Die Methode ist folgende: Nur die Ziffern 1, 2 und 3 werden verwendet – ich nenne diese Zahlen zulässig; jede steht für eine Höhle. Man geht die Tabelle der Zufallszahlen durch und notiert die zulässigen Ziffern in der Reihenfolge, in der man auf sie stößt. Die erste solche Ziffer, A, bestimmt die Höhle, in der Andromeda tatsächlich gefangen ist. Die zweite, W, steht für Perseus' erste Wahl. Die nächste von A und W verschiedene zulässige Zahl, P, bezeichnet schließlich die Höhle, von der Pegasau verraten hat, daß sie eine Gorgo enthält. (P darf nicht mit A identisch sein, weil Pegasau eine Höhle mit einer Gorgo wählen muß; und W scheidet aus, weil das Schwein selbstredend auch nicht die Höhle aussuchen darf, für die Perseus sich entschieden hat. Allerdings können A und W gleich sein – dann hat Perseus die richtige Höhle erraten; in diesem Falle greift Pegasau willkürlich eine der beiden anderen Höhlen heraus.)

Bestimmen Sie nun, ob Perseus, indem er bei seiner Wahl blieb, recht hatte oder nicht. Zum Vergleich nehmen wir an, der Held habe Pegasaus Rat befolgt und sich für die eindeutig bestimmte Höhle umentschieden, die von P und W verschieden ist. Notieren Sie, ob er mit seiner geänderten Wahl richtig gelegen hätte. Dann gehen Sie zur nächsten zulässigen Ziffer über und wiederholen die ganze Prozedur.

Bild 2 zeigt, was bei den ersten 20 Versuchen herauskommt. Wenn Perseus' Strategie darin besteht, seine erste Wahl niemals zu ändern, liegt er in 6 Fällen richtig und in 14 falsch. Mit Pegasaus Strategie, immer zu wechseln, kehrt sich dieses Ergebnis gerade um. Pegasau muß also recht haben mit ihrem Rat, sich umzuentscheiden! Allerdings läuft das Ergebnis jeglicher Intuition so zuwider, daß es vielen Menschen schwerfällt, es zu akzeptieren.

Höhle der Andromeda	erste Wahl des Perseus	Wahl der Pegasau	Perseus bleibt bei seiner Wahl	Perseus ändert seine Wahl
Ziffer A	Ziffer B	Ziffer C		
2	1	3	falsch	richtig
1	3	2	falsch	richtig
1	1	2	richtig	falsch
2	2	3	richtig	falsch
1	3	2	falsch	richtig
3	2	1	falsch	richtig
3	1	2	falsch	richtig
2	1	3	falsch	richtig
2	2	3	richtig	falsch
2	1	3	falsch	richtig
3	3	1	richtig	falsch
2	3	1	falsch	richtig
2	1	3	falsch	richtig
3	1	2	falsch	richtig
3	3	1	richtig	falsch
2	3	1	falsch	richtig
2	2	3	richtig	falsch
1	3	2	falsch	richtig
2	1	3	falsch	richtig
1	2	3	falsch	richtig

Bild 2: Ein Experiment mit Zufallszahlen zeigt, daß bei 20 Durchgängen die Taktik, die zunächst getroffene Wahl grundsätzlich zu revidieren, tatsächlich etwa doppelt so oft erfolgreich ist wie die, grundsätzlich bei der ersten Entscheidung zu bleiben.

Vielleicht sind 20 Versuche zu wenig, um Sie zu überzeugen. Ich warne Sie: Sie greifen nach Strohhalmen, aber gut – machen wir ein umfangreicheres Experiment. Ich habe das Problem auch auf einem Computer simuliert und dabei 100 000 Versuche angestellt. Perseus' Strategie war in 33 498 Fällen erfolgreich und in 66 502 Fällen ein Reinfall. Bei Pegasaus Strategie verhielt es sich entsprechend umgekehrt. Die daraus resultierenden Wahrscheinlichkeiten von 0,33498 und 0,66502 liegen überzeugend dicht an den von Pegasau behaupteten Werten von 1/3 und 2/3.

Ein Sturm im Wasserglas

Kürzlich hat es um das geschilderte Problem in der amerikanischen Presse viel Wirbel gegeben, von dem ein Lüftchen auch durch den deutschen Blätterwald geweht ist. Eine Dame namens Marilyn vos Savant, die im Guinness-Buch der Rekorde als Person mit dem höchsten jemals gemessenen Intelligenz-quotienten eingetragen ist, schreibt eine Kolumne mit dem Titel „Fragen Sie Marilyn", die in mehreren hundert amerikanischen Zeitungen abgedruckt wird. Letzthin tischte sie dabei eine Variante unserer Perseus-Geschichte auf, bei der ein Teilnehmer einer Fernseh-Show den hinter einer von drei Türen versteckten Hauptgewinn – ein Auto – finden soll; die anderen Türen verbergen jeweils eine Ziege. Nachdem der Teilnehmer gewählt hat, öffnet der Spielleiter eine Tür und gibt den Blick auf eine Ziege frei. Dann bietet er dem Kandidaten an, seine Entscheidung zu revidieren. Marilyn erklärte genau wie Perseus' pfundige Pegasau, daß die Chancen, das Auto zu bekommen, doppelt so hoch seien, wenn man sich umentscheide.

Daraufhin wurde sie von einer Flut von Leserbriefen überschüttet. Hier ist eine kleine Auswahl. Die Autoren sind alle Wissenschaftler an Universitäten, Colleges oder Forschungsstätten.

„Sie haben Unsinn verzapft! Als Mathematiker bin ich sehr besorgt über das verbreitete Unwissen in mathematischen Dingen. Bitte machen Sie den angerichteten Schaden gut, indem Sie Ihren Fehler zugeben, und seien Sie in Zukunft vorsichtiger."

„Es gibt genug mathematischen Unverstand in der Welt, und die Inhaberin des höchsten IQ braucht seiner Verbreitung nicht noch Vorschub zu leisten. Schämen Sie sich!"

„Ihre Lösung des Problems ist falsch. Aber zum Trost kann ich Ihnen verraten, daß viele meiner akademisch gebildeten Kollegen ebenfalls auf den Trugschluß hereingefallen sind."

Marilyn schrieb darauf, ihre Lösung sei sehr wohl richtig. Hier ist, auf unsere Geschichte übertragen, eine von mehreren Erklärungen, die sie gab. Angenommen, Perseus hätte die Höhle 1 gewählt. (Sie können leicht nachprüfen, daß sich nichts an der Situation ändert, wenn er sich für Höhle 2 oder 3 entschieden hätte. Schließlich – Zahlen sind Schall und Rauch.) Dann gibt es drei Möglichkeiten, wie die Geschichte ausgehen kann (Bild 3). Sie alle sind gleich wahrscheinlich; denn schließlich hat Pegasau unter Berufung auf gut unterrichtete höhere Kreise glaubhaft versichert, daß für jede Höhle die Chance, Andromeda darin zu finden, gleich groß ist. Wie die Aufstellung in Bild 3 unwiderleglich zeigt, gewinnt Perseus' Strategie nur in einem von drei Fällen, während die von Pegasau in zwei von drei Fällen erfolgreich ist.

Perseus revidiert seine Wahl nie

Höhle 1	Höhle 2	Höhle 3	
Andromeda	Gorgo	Gorgo	gewinnt
Gorgo	Andromeda	Gorgo	verliert
Gorgo	Gorgo	Andromeda	verliert

Perseus revidiert seine Wahl immer

Höhle 1	Höhle 2	Höhle 3	
Andromeda	Gorgo	Gorgo	verliert
Gorgo	Andromeda	Gorgo	gewinnt
Gorgo	Gorgo	Andromeda	gewinnt

Bild 3: Darstellung aller Möglichkeiten für die beiden Taktiken, die erste Wahl grundsätzlich beizubehalten (oben) oder immer zu wechseln (unten). Wie man sieht, ist die erste Taktik nur in einem, die zweite dagegen in zwei der drei möglichen Fälle erfolgreich.

Darauf schrieben noch mehr Universitäts- und College-Angehörige:

„Ihre Antwort steht klar im Widerspruch zur Wahrheit."

„Darf ich den Vorschlag machen, daß Sie zunächst einmal in ein Standard-Lehrbuch über Wahrscheinlichkeitsrechnung schauen, bevor Sie das nächste Mal versuchen, ein derartiges Problem zu lösen?"

„Wieviele entrüstete Mathematiker braucht es, bis Sie endlich Ihre Meinung ändern?"

„Ich bin schockiert, daß Sie, nachdem Sie von wenigstens drei Mathematikern korrigiert worden sind, Ihren Fehler immer noch nicht einsehen."

„Vielleicht gehen Frauen mathematische Probleme anders an als Männer."

„Sie haben unrecht. Bedenken Sie doch: Wenn sich alle diese Doktoren irren würden, stünde es sehr schlecht um unser Land."

Nach Marilyns Aussage erhielt sie Tausende von Briefen, deren Absender fast alle darauf bestanden, daß sie unrecht habe – darunter auch der stellvertretende Direktor des Center for Defense Information und ein Statistiker vom Gesundheitsministerium der USA. Alles in allem stellten sich 92 Prozent der wissenschaftlich nicht vorgebildeten und immerhin 65 Prozent der einer Hochschule angehörenden Leserbriefschreiber gegen sie. Doch Marilyn blieb unbeeindruckt. „Lösungen mathematischer Probleme werden nicht durch Abstimmung entschieden", meinte sie nur.

Immerhin machte sie einen letzten Versuch, ihre dem Perseus geistesverwandten Mitmenschen zu überzeugen. Angenommen, es gebe eine Million Türen und Sie tippten auf die mit der Nummer 1. Daraufhin öffnet der Quizmaster der Reihe nach 999 998 andere, deren jede eine Ziege enthüllt. Sie beobachten, daß er dabei wie zufällig die mit der Nummer 777 777 übergeht. Was, glauben Sie, ist wahrscheinlicher: Daß Sie die richtige Höhle (aus einer Million möglichen) getroffen haben, oder daß Sie falsch getippt haben und das Verhalten des Quizmasters Ihnen einen ziemlich deutlichen Hinweis liefert? Wenn Sie es vorher mit Perseus hielten, müssen Sie sich konsequenterweise nun auch sagen, daß für jede der zwei noch übrigen Türen (Nummer 1 und Nummer 777 777) die Wahrscheinlichkeit gleich groß ist, daß sich ein Auto dahinter befindet. Sollten Sie das wirklich glauben, dann habe ich ganz billig einen fast neuen Sportwagen für Sie, dessen Vorbesitzerin eine alte Dame war, die ihn nur benutzt hat, um ab und zu damit an den Strand zu fahren, sofern die Gorgonen nicht gerade da waren...

Der Grund der Verwirrung

Die Schwierigkeiten mit diesem Problem rühren daher, daß wir es mit bedingten Wahrscheinlichkeiten zu tun haben, die voraussetzen, daß vor dem betrachteten Ereignis bereits etwas anderes passiert ist. Bedingte Wahrscheinlichkeiten laufen oft der Intuition zuwider. Der entscheidende Punkt in unserem Zusammenhang ist, daß Pegasaus Entscheidung, welche Höhle sie herausgreift, davon abhängt, welche Höhle Perseus vorher gewählt hat. Wenn Perseus richtig getippt hat, hat Pegasau bei den anderen beiden Höhlen die freie Auswahl. Hat er aber danebengegriffen (was ja doppelt so wahrscheinlich ist), dann bleibt ihr nur eine Wahl, mit der sie den entscheidenden Hinweis gibt.

Das Argument, daß bei zwei übrigbleibenden Höhlen Andromeda mit gleicher Wahrscheinlichkeit in einer davon sitzen muß, wäre nur dann richtig, wenn Pegasau gleich zu Anfang eine Höhle als Gorgonen-Schlupfloch enttarnt hätte. In Wahrheit aber muß sie sich danach richten, wofür sich Perseus zuerst entschieden hat. Eine solche Situation, bei der es darauf ankommt, in welcher

Reihenfolge etwas geschieht, ist typisch für Probleme mit bedingten Wahrscheinlichkeiten.

Man kann auch noch eine andere Überlegung anstellen. Pegasau gibt Perseus eine nützliche Information, nämlich die Auskunft, daß Andromeda in einer der Höhlen nicht ist. Das sollte doch etwas sein, was Perseus nutzen kann, um seine Chancen zu verbessern; dafür ist Information ja da. Aber er kann diese Information nicht verwerten, wenn er seine Meinung nicht ändert; denn er hat seine Wahl ja getroffen, bevor er über die Information verfügte. Das beweist nicht, daß er wechseln sollte, aber es zeigt, daß niemals zu wechseln nicht die beste Strategie sein kann.

Wenn Sie mir immer noch nicht glauben, dann probieren Sie es doch mit einem Freund aus. Nehmen Sie einen Zuckerwürfel für Andromeda und Tassen für die Höhlen. Machen Sie jeweils 100 Versuche mit beiden Strategien. Zum Vergleich können Sie auch noch den Fall ausprobieren, daß Ihr Freund Ihnen eine leere Tasse zeigt, bevor Sie gewählt haben.

Aber bitte schreiben Sie nicht und machen Sie, nachdem klar ist, daß Sie ohnehin verlieren werden, auch keinen Einsatz für die oben nur aus rhetorischen Gründen angebotene, fiktive Wette! In Marilyns Fall gerieten die Dinge völlig außer Kontrolle. Sie erhielt Wäschekörbe mit Briefen, Telephonanrufe, FAX-Nachrichten und wüste Anschuldigungen. Immerhin zogen einige Leute ihre Behauptungen schließlich peinlich berührt zurück. Ich bezweifle allerdings, daß der Schreiber des sarkastisch-sexistischen Kommentars darunter war; solche Leute sehen selten ein, daß sie im Unrecht sind. Wenn jedoch der Mathematiker, der ihr zum Konsultieren eines Lehrbuchs über Wahrscheinlichkeitsrechnung riet, das selbst getan und darin das Kapitel über bedingte Wahrscheinlichkeiten aufgeschlagen hätte, dann wäre er vielleicht auf eine Erörterung genau dieses Problems gestoßen.

„Wenn die Wirklichkeit so schroff mit dem gesunden Menschenverstand kollidiert, geht es nicht ohne Blessuren ab", kommentiert Marilyn. Wie wahr! Aber die wirklich schreckliche Wahrheit ist, daß dieses Problem uralt ist und jedem Statistiker im Laufe seiner Karriere in der einen oder anderen Form begegnet sein sollte. Eine Version bringt schon der französische Mathematiker Joseph Bertrand (1822 bis 1900) in seinem bahnbrechenden Werk „Calcul des Probabilités" aus dem Jahre 1889. Als Bertrands Schachtelparadoxon wurde es, wie Eugene Northrop in seinen „Riddles in Mathematics" anmerkt, „als illustratives Beispiel in fast jedem darauffolgenden Lehrbuch" verwendet. Eine Version mit drei zum Tode verurteilten Häftlingen und einem Gefängniswärter hat dann Martin Gardner, der Altmeister des Knobelns, im August 1959 im Scientific American beschrieben.

Also hatten viele von Marilyns überheblichen Kritikern nicht einmal ihre Hausaufgaben gemacht. „Wenn sich alle diese Doktoren irren würden..." Da kommt mir eine Idee: Wenn zum Mathematik-Studium auch eine Vorlesung über unterhaltsame Mathematik gehören würde, gäben sich die Mathematiker vielleicht nicht mehr als so schrecklich unnahbare Hüter einer ehrwürdigen Wissenschaft und würden ohne Zweifel selber davon profitieren, wenn sie sich mehr Mühe gäben, die Geheimnisse ihres Fachs auch für Nicht-Mathematiker durchschaubar zu machen.

Nun, da wir wissen, daß Perseus seine Chancen verbessern kann, indem er die Information nutzt, die ihm die redliche Pegasau gegeben hat, kann man sich fragen, ob eine andere Strategie vielleicht noch besser wäre. Nehmen Sie beispielsweise an, er ändert seine Wahl mit der Wahrscheinlichkeit w. Kann er mit dieser oder irgendeiner anderen Strategie seine Chancen über die Zweidrittel-Marke hinausschrauben?

Hier gleich die Antwort: Die Strategie, die erste Wahl zufällig mit einer Wahrscheinlichkeit w (die zwischen 0 und 1 liegen kann) zu ändern, hat eine Erfolgswahrscheinlichkeit von $(w+1)/3$, und dieser Wert ist für $w=1$ am größten. Also läßt sich Pegasaus Strategie auf diese Weise nicht verbessern. Die beste aller Strategien wäre zweifellos, immer nur dann zu wechseln, wenn die erste Wahl falsch war. Sie hätte eine Erfolgswahrscheinlichkeit von 1, läßt sich aber schwerlich realisieren – es sei denn mit Hilfe eines Orakels. Sofern Wahrscheinlichkeitstheorie und Informatik nicht von Grund auf falsch sind, ist Pegasaus Strategie die bestmögliche.

Literaturhinweise

Mathematische Probleme und Rätsel. Von Martin Gardner. Vieweg, Braunschweig 1966.

Riddles in Mathematics. Von Eugene P. Northrop. Penguin Books, Harmondsworth 1960.

2
Gullivers Abenteuer auf der fliegenden Insel Laputa

Der Uhrmacher und der Landvermesser von Laputa.
Ein neues Kapitel aus dem dritten Teil von „Gullivers Reisen",
erdacht und Jonathan Swift in die Schuhe geschoben

Der Leser wird sich schwerlich mein Erstaunen vorstellen können, eine Insel in der Luft zu erblicken, die von Menschen bewohnt wurde, die (wie es scheinen wollte) imstande waren, sie nach Belieben steigen oder sinken zu lassen oder sie nach vorn in Bewegung zu setzen . . .

Sie sahen mich mit allen Anzeichen und Merkmalen der Verwunderung an, und darin blieb ich ihnen wirklich auch nur wenig schuldig, denn bis dahin hatte ich noch nie ein Geschlecht von Menschen gesehen, das nach Gestalt, Kleidung und Gesichtsbildung so eigentümlich war. Ihre Köpfe waren alle entweder nach rechts oder nach links geneigt; eines ihrer Augen war nach innen und das andere senkrecht auf den Zenit gerichtet. Wie es scheint, sind diese Leute so sehr von intensivem Nachdenken in Anspruch genommen, daß sie weder sprechen noch auf die Rede anderer achten können, ohne durch eine Berührung der Sprech- und Hörorgane von außen geweckt zu werden; aus diesem Grunde halten sich die Personen, die es sich leisten können, stets einen Aufwecker als einen ihrer Bedienten in ihrem Hause . . .

Obgleich sie in der Handhabung des Lineals, des Bleistifts und des Zirkels auf einem Blatt Papier geschickt genug sind, habe ich doch noch nie ein Volk gesehen, das in den gewöhnlichen Tätigkeiten und dem Verhalten im Leben ungeschickter, unbeholfener und linkischer und so langsam und ratlos in seinen Auffassungen auf allen anderen Gebieten außer denen der Mathematik und der Musik gewesen wäre. Sie sind sehr schlechte Denker und neigen leidenschaftlich zum Widerspruch, es sei denn, sie sind zufällig der richtigen Meinung, was jedoch bei ihnen nur selten der Fall ist. Einbildungskraft, Phantasie und Erfindungsgabe sind ihnen völlig fremd.

Jonathan Swift
Gullivers Reisen, dritter Teil:
Eine Reise nach Laputa, Balnibarbi,
Luggnagg, Glubbdubdrib und Japan

Nach etwa einem Monat war ich der Sprache, die auf der fliegenden Insel Laputa gesprochen wurde, immerhin so weit mächtig, daß ich die meisten Fragen des Königs über den Stand der Mathematik in Europa beantworten konnte. Dafür gewährte mir dieser die besondere Gnade, die Fliegende Akademie seines beweglichen Landes zu besichtigen, die dem viel größeren ortsfesten Institut auf der Insel Balnibarbi nachgebildet war. Ich beeilte mich, das Angebot anzunehmen, sowohl aus Höflichkeit als auch aus Neugier, denn ich hatte schon sehr viel Merkwürdiges über die Akademie und deren Naturphilosophen vernommen.

Zuerst wurde mir ein Erfinder vorgestellt, der seit 16 Jahren die Pendeluhr durch die Verwendung eines doppelten Pendels zu verbessern trachtete. Anfangs hatte der freundliche Mann das zweite Pendel einfach am unteren Ende des ersten aufhängen wollen. Als er jedoch einsehen mußte, daß sich gewisse Feinheiten seiner Theorie nicht auf diese schlichte Weise in die Praxis umsetzen ließen, hatte er hier eine Feder, dort ein Gegengewicht hinzugefügt, so daß die Komplexität der Maschine mit der Zeit weit über seine ursprünglichen Vorstellungen hinausgewachsen war (Bild 2). Immerhin zeigte sie, wie er mir berichtete, zweimal am Tag die genaue Zeit an.

Der Uhrmacher fühlte sich sehr geschmeichelt, als ich ihm zu diesem ausgezeichneten Ergebnis gratulierte, und zeigte mir voller Stolz die vielen mathematischen Rechnungen, die seiner Erfindung zugrunde lagen. Vieles ist mir entfallen; doch ein wesentlicher Gedanke ist mir hartnäckig im Gedächtnis haften geblieben. Es gab Positionen, in denen man den Mechanismus zum Stillstand bringen konnte, dergestalt, daß für jeden Teil des Apparats die vermittels Federn oder anderer Teile auf ihn ausgeübten Kräfte sich in einem vollkommenen Gleichgewicht befanden. Für die Urform des Geräts waren die notwendigen Rechnungen besonders elegant und durchsichtig: Das Doppelpendel konnte in genau vier Stellungen ins Gleichgewicht kommen.

Ich verstand ohne weiteres, daß die Stellung, in der beide Pendel senkrecht herabhingen, auf ewig andauern könnte, wagte jedoch, die Existenz der drei anderen Stellungen zu bezweifeln. Unter großer Anstrengung gelang es dem Uhrmacher, mir verständlich zu machen, daß die Position, bei der beide Pendel senkrecht nach oben zeigten, ebenfalls im Gleichgewicht sei.

Eine solche Konfiguration war mir nicht in den Sinn gekommen. Wenngleich ich einräumen mußte, daß sie im Prinzip möglich sei, so wagte ich doch einzuwenden, daß im Prinzip auch ein Mönch einen Aal auf seiner Nasenspitze balancieren könne, man solches aber auf Fischmärkten oder in Klöstern nur selten zu sehen bekomme. Der Uhrmacher bestand aber auf der Möglichkeit dieser Anordnung und bezeichnete sie als ein *thelmin frole*, was ich mit „instabiles Gleichgewicht" übersetzen würde. Damals sagte er, soweit ich mich erinnere, eine solche Anordnung sei „teuflich unwahrscheinlich", eine Einschätzung, der ich ohne zu zögern zustimmte. Nachdem der Uhrmacher meinen Geist mit dieser merkwürdigen Position vertraut gemacht hatte, die meinem praktischen Verstande bislang entgangen war, waren die zwei übrigen Gleichgewichtsstellungen nicht mehr schwer zu finden. In jeder der beiden hängt ein Pendel nach unten, und das andere zeigt genau nach oben.

Der Erfinder jammerte, das einzige, was ihm zum erfolgreichen Abschluß seines Projekts fehle, sei ein unanfechtbarer Beweis dafür, daß das System auch in seiner gegenwärtigen Form mit all den Federn und anderen Teilen mindestens vier derartige Gleichgewichtszustände habe. Deren genaue Lage sei unwesentlich; es komme nur auf ihre Existenz an. Aber die mathematische Beschreibung sei so undurchschaubar geworden, daß er schier verzweifele. In diesem Moment befreite mich ein Bote des Königs aus den Fängen des Unglücklichen, indem er mich zu einem Mahl aus konischem Rindersteak und elliptischem Pudding bat.

Die Landvermessung von Laputa

Nach dem Essen präsentierte mir der König eine Errungenschaft, auf die er sehr stolz war: eine vollständige Landvermessung der ganzen Insel. Der mit diesem Projekt beauftragte königliche Vermesser war ein rotwangiger Mensch riesigen Umfangs, der stets ein Senkblei als Zeichen seines Amtes bei sich trug. Seine Aufgabe war, so erzählte er mir, jeden Gipfel, jede Senke und jeden Paß auf der Insel zu katalogisieren.

Ich fragte ihn nach der genauen Definition dieser Begriffe, um mir eine Vorstellung von seiner Tätigkeit machen zu können. Würde er beispielsweise den höchsten Punkt eines Ameisenhaufens als Gipfel bezeichnen? Allerdings, war die Antwort. Jede Erhebung, deren Höhe die Höhe aller Punkte in einer beliebig kleinen Umgebung derselben übersteige, sei ein *klim*, was ich, der Präzision zuliebe, als „lokales Maximum" übersetzen würde. Ein *bim* oder „lokales Minimum" dagegen sei ein Punkt, der tiefer liege als jeder Punkt in einer kleinen Umgebung. Ein Paß schließlich sei ein Ort, der ähnlich einem Pferdesattel aus der einen Richtung besehen einem *klim*, quer dazu dagegen einem *bim* gleiche. Man nennt einen solchen Punkt an den großen europäischen Akademien denn auch einen „Sattelpunkt", während der laputische Ausdruck dafür *klimbim* lautet.

Die Punkte dieser drei Typen seien mit der allergrößten Sorgfalt ausgezählt worden; demnach, so erklärte der königliche Landvermesser stolz, gebe es genau 1267 Gipfel und 1506 Senken in Laputa (Bild 1).

Dann müsse es 2771 Sattelpunkte geben, warf ich ein. Nicht ohne Stirnrunzeln erwiderte er, man habe genau 1944 Pässe gezählt. Dann, so versetzte ich, müßten einige vergessen worden sein, denn es bestehe eine allgemeine und schlüssig bewiesene Beziehung zwischen der Zahl G der

Bild 1: Nach der königlichen Landvermessung zählt die fliegende Insel Laputa 1267 Gipfel, 1506 Senken und 1944 Pässe. Kann man beweisen, daß die Zahlen falsch sind?

Gipfel, der Zahl S der Senken und der Zahl P der Pässe: $G - P + S = 2$ (siehe Kasten Seite 23).

Der königliche Landvermesser, nunmehr in seiner Ehre ernstlich angegriffen, ließ seine Untergebenen zu Dutzenden vor mir antreten, die Genauigkeit ihrer Beobachtungen zu beschwören. Aber nach und nach kamen immer mehr Ungereimtheiten ans Licht, und kurze Zeit später verkündete der königliche Landvermesser, daß wegen eines kleinen Versehens die Anzahl der Pässe auf 2772 korrigiert werden müsse; die Anzahl der Gipfel und Senken aber bleibe unverändert.

Ich lobte seine Sorgfalt, wagte aber zu bemerken, daß immer noch ein Unterschied von eins bestehen bleibe. Entweder habe er einen Paß zuviel gezählt oder aber einen Gipfel oder eine Senke übersehen. Er gab zu bedenken, daß ein Gipfel vermöge seiner Natur kaum zu übersehen sei, dies jedoch mit einer Senke relativ leicht geschehen könne.

Der tiefste Punkt der Schatzinsel

Plötzlich geriet er in große Erregung und suchte mit mir ein anderes Mitglied der Akademie auf, einen Historiker. Ich war noch nie einem Menschen begegnet, der für ein solches Amt ungeeigneter gewesen wäre, denn er konnte kaum seinen Namen von einer Sekunde auf die nächste behalten. Nach großen

Der Satz von Gulliver für Flächen

Für jede abgeschlossene, glatte Fläche, die G lokale Maxima, S lokale Minima und P Sattelpunkte enthält, gilt die Gleichung $G + S - P = 2$. Zum Beweis deformiert man am besten die Fläche stetig, so daß die Zahlen G, S und P vermindert werden, der Ausdruck $G + S - P$ jedoch unverändert bleibt.

Die Deformation besteht aus einer Folge von elementaren Bewegungen, bei deren jeder ein Gipfel oder eine Senke mit einem benachbarten Paß vereinigt wird, so daß beide verschwinden. Dieser Vorgang wird wiederholt, bis alle Pässe verschwunden sind. Danach bleiben genau ein Gipfel und eine Senke übrig. (Wären es zwei Gipfel oder zwei Senken, dann müßte irgendwo zwischen den beiden ein Sattelpunkt liegen.)

Wenn ein Gipfel und ein Paß sich gegenseitig wegheben, vermindern sich G und P jeweils um 1; daher bleibt $G + S - P$ unverändert. Entsprechendes gilt für die Vereinigung einer Senke mit einem Paß (siehe unten).

Durch Anheben ...   verschwinden beide.

Gipfel

Senke   Sattelpunkt   Beide
verschwinden durch Absenken.

Nach Abschluß der Deformationsfolge gilt $G = 1$, $S = 1$ und $P = 0$; daraus folgt $G + S - P = 2$. Da $G + S - P$ während der ganzen Deformationsfolge unverändert geblieben ist, muß es von Anfang an den Wert 2 gehabt haben.

Dieser Beweis gilt für den Fall, daß die betrachtete Fläche einer Kugeloberfläche (Sphäre) topologisch äquivalent ist, das heißt, stetig in eine solche deformiert werden kann. Im allgemeinen ist eine Fläche aber äquivalent einer Sphäre mit g angesetzten Henkeln; g heißt das topologische Geschlecht der Fläche. Für eine solche Fläche gilt $G + S - P = 2 - 2g$. Der Beweis verläuft wie oben; nur hat die Fläche nach Abschluß der Deformationen die rechts angegebene Gestalt.

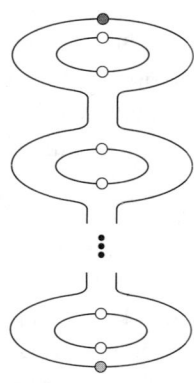

Hier gilt $G = 1$, $S = 1$ und $P = 2g$, denn jeder Henkel trägt zwei Pässe zur Gesamtzahl bei. Daraus folgt das Ergebnis $G + S - P = 2 - 2g$.

Mühen auf seiner und noch größerer Geduld auf meiner Seite jedoch begann seine Geschichte Gestalt anzunehmen.

Anscheinend war ich nicht der erste Europäer, der Laputa besuchte. Nach der Überlieferung hatte ein gewisser Kapitän Kidd, Pirat seines Zeichens, einen Schatz irgendwo auf der Insel vergraben, „auf dem Grunde der tiefsten

Stelle". Trotz gründlichster Suche war nie ein Schatz gefunden worden; aber wenn tatsächlich eine Senke übersehen worden wäre, könnte das Geheimnis sich auf diese Weise klären. Leider lieferte meine Methode keinerlei Hinweis auf deren Ort.

Nach weiterem Nachdenken erwuchs mir jedoch die Gewißheit, daß die „tiefste Stelle" der fliegenden Insel Laputa nur der am tiefsten liegende Punkt an der Unterseite sein konnte, die gleich einer Schüssel glatt und sanft gerundet war. Diskrete Erkundigungen bestätigten, daß die königliche Landvermessung sich nicht auf die Unterseite erstreckt hatte, womit sich der Widerspruch zu meiner eigenen Zufriedenheit auflöste. Ich nahm mir vor, diese Unterseite selbst und ohne Zeugen in Augenschein zu nehmen.

Zur Ablenkung fragte ich, ob auf der Insel natürliche Steinbögen zu finden seien. Der königliche Landvermesser sagte mir, deren gebe es in der Tat einige, aber er wisse nicht genau, wieviele. Dann, so erklärte ich ihm, müsse die Zählung immer noch fehlerhaft sein, denn der Beweis für die Beziehung $G - P + S = 2$ war davon ausgegangen, daß die Insel keine Löcher habe. Zu jedem Steinbogen gehöre jedoch ein Loch im Innern desselben, und dann sei die korrekte Beziehung $G - P + S = 2 - 2g$, wobei g die Zahl der Löcher sei.

Aus einer fehlerlosen Landvermessung läßt sich die Anzahl der Steinbögen ausrechnen. Wenn es beispielsweise 1000 Gipfel, 1000 Senken und 2020 Pässe gibt, dann gilt:

$$1000 - 2020 + 1000 = 2 - 2g,$$

und daher wäre $2g = 22$, also gäbe es genau 11 Steinbögen. Ich glaube nicht, daß der königliche Landvermesser von diesen Enthüllungen entzückt war, aber er versprach auf der Stelle, die Zählung noch einmal mit der allergrößten Sorgfalt zu wiederholen.

Meine Gedanken kreisten derweil unablässig um Kapitän Kidds Schatz. Vielleicht hatte der Pirat ihn in der tiefen Höhle namens Flandona Gagnole vergraben, die man mir zu Beginn meines Besuchs gezeigt hatte. Innerhalb dieser Höhle ist ein Magnetstein von ungeheurer Größe auf einer Achse befestigt. Mit seiner Hilfe können die Bewohner Laputas ihre Insel aufsteigen und absinken lassen und sie zu verschiedenen Teilen der Welt befördern. Unter diesem Stein war zweifellos der tiefstgelegene Punkt, an dem man überhaupt einen Schatz verstecken konnte. Ich beschloß, danach zu graben, und schaffte zu diesem Zweck einen Spaten aus den königlichen Gärten beiseite. Zu meinem Unglück wurde ich jedoch, noch ehe mein Tunnel weit gediehen war, entdeckt, ergriffen und eingekerkert, da man mich der Sabotage am Mechanismus der fliegenden Insel verdächtigte.

Ich lag drei Tage in Ketten und wurde dann vor den König geführt, der mir wegen der Übertretung der laputischen Gesetze eine gewaltige Prügelstrafe androhte. Wortreich flehte ich um Milde und enthüllte meine Theorie, daß der große Piratenschatz an der Unterseite der Insel zu finden sein müsse. Der König gab seiner Anerkennung für meine Ideen Ausdruck und verurteilte mich gnädiglich nur zu vier Tagen harter geistiger Arbeit.

Grabung von unten nach oben?

Wie der Leser unschwer erraten wird, hatte ich als erstes zu ersinnen, wie man den vergrabenen Schatz in die Hände des Königs bringen könne. Ich beschloß, einige Mitglieder der Fliegenden Akademie zu Rate zu ziehen. Einer dieser Philosophen erklärte meinen Plan, von Flandona Gagnole aus abwärts zu graben, für im Prinzip durchführbar, meinte jedoch, es sei geschickter, den Magnetstein umzudrehen, so daß sich die Unterseite Laputas zuoberst kehren würde; dann lasse sich der nunmehr höchste Punkt mit leichter Mühe erreichen. Meinem Einwand, daß dann alle Einwohner von Laputa herunterfallen würden, wußte sogleich ein weiterer Philosoph mit dem Vorschlag abzuhelfen, man könne zuvor die ganze Insel mit einer reichlich bemessenen Schicht starken Leims überziehen.

Ich wollte diese klebrige Angelegenheit lieber vermeiden und erwog statt dessen, Laputa bis auf wenige Yards über den festen Boden herabzulassen und dann die Unterseite mit Hilfe einer Leiter zu untersuchen. Noch bevor ich jedoch den Vorschlag zu unterbreiten Gelegenheit hatte, erwachte in mir die Befürchtung, ich selbst könnte für dieses gewagte Unternehmen ausersehen und am Ende von einer versehentlich zu tief abgesenkten Insel jämmerlich erdrückt werden.

Vielleicht könnte ich jemanden finden, der den Plan an meiner Statt dem König vorlegen würde. Der Uhrmacher schien mir ein idealer Kandidat zu sein, da er als Mitglied der Akademie hohes Ansehen genoß. Er erklärte sich auch bereit dazu, aber nur, wenn ich ihm dafür den Beweis verschaffte, daß sein System aus zwei Pendeln wenigstens vier Gleichgewichtspositionen aufweise – einerlei, wie die Federn und Gegengewichte angebracht seien.

Ein Existenzsatz für Gleichgewichtspunkte

Wir waren uns einig darüber, daß jede mögliche Konfiguration der Maschine durch die Angabe zweier Zahlen erschöpfend beschrieben wird: Es genügt, die Winkel, welche die beiden Pendel gegen die Vertikale einnehmen, anzugeben. Nach einem unter europäischen Mathematikern neuerdings in Mode gekommenen Verfahren könnte man zwei aufeinander senkrechte Achsen in eine Ebene zeichnen und auf jeder dieser Achsen die möglichen Winkel eines

Pendels abtragen, so daß jeder Zustand der Maschine einem Punkt in dieser Ebene genau entspräche. Während die Pendel ihre komplizierten Bewegungen vollführten, würde der gedachte Punkt in der Ebene umherwandern. Nur wäre es nicht hilfreich, von Winkeln oberhalb 360 Grad zu sprechen, da etwa ein Pendel, das eine volle Umdrehung und noch 30 Grad mehr vollführt hätte, in unserer Ebene bei 390 Grad einzutragen, in Wirklichkeit jedoch von einem Pendel, das diese Volldrehung nicht ausgeführt hätte, schlechterdings nicht zu unterscheiden wäre.

Nach einigem Sträuben willigte der arme Uhrmacher daher ein, als den sogenannten Konfigurationsraum seines Geräts nicht die ganze Ebene anzusehen, sondern ein Quadrat, bei dem, nach geeigneter Dehnung seines Materials, die rechte mit der linken und die untere mit der oberen Seite verklebt sind: einen Torus (Bild 2). Diese Fläche hat ein Loch, es gilt also $g = 1$. Je nachdem, wie der Torus im Raum orientiert ist, liegen seine *klims*, *bims* und *klimbims* an verschiedenen Stellen; es gilt jedoch stets

$$G - P + S = 2 - 2g = 0.$$

Der aller sinnvollen Tätigkeit entrückte Scharfsinn der Laputier hatte einen gemeinsamen Wesenszug aller mechanischen Apparate, überhaupt nahezu alles Beweglichen entdeckt, den sie den Abscheu vor der *poteria* nannten, in Analogie zum *horror vacui* der Natur, der jedes ausgepumpte Gefäß sich bei der ersten Gelegenheit mit Luft füllen läßt. *Poteria* wäre etwa mit Bewegungsfähigkeit zu übersetzen; es handelte sich jedoch, wohlgemerkt, nicht um einen Abscheu vor der Bewegung an sich. Wenn vielmehr der Uhrmacher seiner

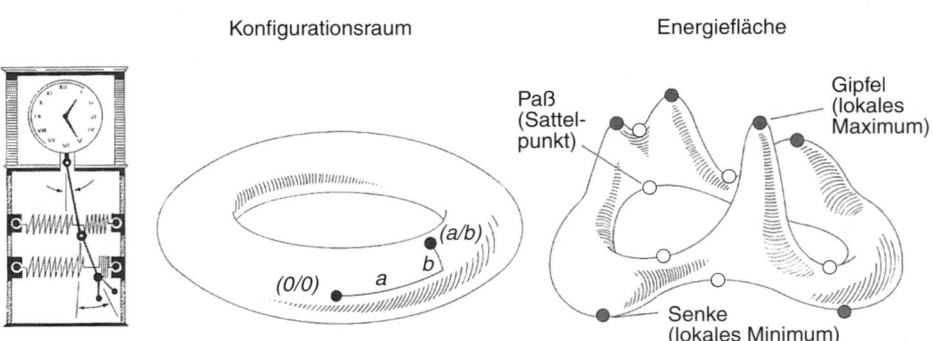

Bild 2: Die Uhr des Uhrmachers von Laputa enthält zwei Pendel (links). Den Winkeln der Pendel gegen die Ruhelage entsprechen Punkte auf einer Fläche (Mitte), dem sogenannten Konfigurationsraum der Uhr. Aus diesem entsteht die Energiefläche, wenn die Höhe jedes Punktes über dem Boden der potentiellen Energie der zugehörigen Konfiguration proportional ist.

Maschine unter großem Kraftaufwand ein gewisses Quantum an *poteria* übertrug und sie damit zur selbsttätigen Bewegung befähigte, so wußte diese nichts Eiligeres zu tun, als sich derselben unter großem Gezappel baldmöglichst zu entledigen. Sie ruhte erst wieder, wenn sie unter kaum merklicher Erwärmung tatsächlich alle *poteria* verloren hatte oder – ganz selten – einmal unschlüssig war, auf welche Weise sie die verhaßte *poteria* am schnellsten loswerden könne und nicht der mindeste Anstoß ihr die Entscheidung erleichterte.

Diese Vorkenntnisse der Laputier erleichterten es mir, dem Uhrmacher den nächsten Beweisschritt begreiflich zu machen. Ich bat ihn, sich vorzustellen, daß jeder Punkt der Torusfläche auf eine Höhe über dem Boden angehoben werde, die der *poteria* des entsprechenden Maschinenzustands entspricht. Spätere Generationen mögen den umständlichen Begriff „potentielle Energie" an die Stelle von *poteria* setzen und die so entstehende Fläche die Energiefläche nennen.

Gleichgewichtszustände entsprechen stationären Punkten der potentiellen Energie, also Gipfeln, Senken und Pässen der Energiefläche. Die Gesamtzahl dieser Zustände ist $G + P + S$. Nun muß jede Fläche, die sich nicht bis ins Unendliche erstreckt, einen höchsten und einen tiefsten Punkt haben – also gibt es wenigstens einen Gipfel und eine Senke. Somit sind sowohl G als auch S wenigstens gleich 1. Da $G - P + S = 0$ ist, folgt $P = G + S$, also ist P wenigstens gleich 2. Schließlich ist die Anzahl der Gleichgewichtszustände $G + P + S$, also wenigstens gleich $1 + 2 + 1 = 4$, was zu beweisen war.

Glückliche Flucht

Meine Methode sagt nicht, wo diese Gleichgewichtszustände liegen. Wie beim Schatz des Piraten Kidd hätte der Uhrmacher dafür Wissen aus anderen Quellen zu Rate ziehen müssen. Immerhin lieferte mein Gedankengang die gewünschte untere Schranke für die Anzahl der Gleichgewichtszustände. Diese Folgerung ist gänzlich unabhängig von Seilen, Federn, Gewichten und anderen Verzierungen; sie hängt lediglich von der Anzahl der Löcher im Konfigurationsraum ab.

Ich bemühte mich redlich, dem Uhrmacher meinen Gedankengang nahezubringen. Nach längerer Debatte wurde mein Beweis als korrekt, wenn auch etwas exotisch, anerkannt.

Der Uhrmacher hielt Wort und schlug dem König vor, die fliegende Insel auf den Erdboden hinabzulassen, um gründlich nach dem Piratenschatz suchen zu können. Der König stimmte zu und erteilte den entsprechenden Befehl. Noch ehe der Tag sich neigte, schwebte Laputa wenige Yards über der Insel Balnibarbi.

Während eine Strickleiter für das Unternehmen bereitgestellt wurde, ersuchte der königliche Landvermesser um eine Audienz beim König, um ihm mitzuteilen, daß die zweite königliche Landvermessung soeben vollendet worden sei. Finster in meine Richtung blickend, nannte er die Zahlen: 1893 Gipfel, 1942 Senken und 3816 Pässe. Der König schien über die Nachricht erfreut zu sein; nur hätte nach meiner Rechnung die Anzahl g der Steinbögen auf Laputa die Gleichung

$$2 - 2g = 1893 + 1942 - 3816 = 19$$

erfüllen müssen, und demnach gäbe es $-8,5$ Steinbögen auf Laputa.

Noch ehe der König diese Tatsache richtig zur Kenntnis nehmen konnte, schlich ich davon und kletterte die Strickleiter hinunter auf den Boden. Trotz der Furcht, zerquetscht zu werden, war ich versucht, auf der Unterseite nach dem Schatz zu suchen. Als ich aber oben einen tumultartigen Aufruhr hörte, machte ich mich hastig auf und davon.

Literaturhinweise

Gullivers Reisen. Von Jonathan Swift. Insel-Verlag, Frankfurt am Main 1974.
Surface Topology. Von P. A. Firby und C. F. Gardiner. Ellis Horwood, Chichester 1982.

3
Eine digitale Sonnenuhr

Weisheit und Geduld sind die Tugenden der Euklidikanischen Mönche. Sie verhelfen ihnen dazu, mit Prinzipien der fraktalen Geometrie eine digitale Sonnenuhr zu bauen.

Roger Bacon, den ich als meinen Meister verehre, hat uns gelehrt, daß der göttliche Plan sich eines Tages durch die Wissenschaft der Maschinen verwirklichen wird, die eine *magia naturalis et sancta* ist.

William von Baskerville
in „Der Name der Rose"
von Umberto Eco

Bruder Benjamin vom Orden der Euklidikaner war schon seit Tagen mit der Kolorierung einer Handschrift beschäftigt. Er liebte seine Arbeit und glaubte inbrünstig an die ehrwürdige Maxime seiner Oberen: Salus per geometriam, Erlösung durch die Geometrie. Der Baum des Lebens, den er gerade malte, rankte sich um ein goldenes, großes O. Da Bruder Benjamin über profunde Kenntnisse in der fraktalen Geometrie verfügte, setzte er an jeden Ast genau zwei Zweige an, an jeden Zweig zwei kleinere und so immer fort. Wie Fraktale, ja wie das Leben selbst, hatte dieser Baum zwar beschränkte Dimension, aber unendlichen Reichtum im Detail.

Bruder Benjamin widmete sich mit wahrhaft klösterlicher Geduld gerade den 8192 winzigen Zweigen der dreizehnten Ordnung, als das Geräusch schlurfender Ledersandalen ihn aufschreckte. Sein Mitbruder Daniel, dem er nach Möglichkeit aus dem Wege zu gehen pflegte, weil der stets seine lange Nase in die Angelegenheiten anderer steckte, richtete ihm aus, daß der Abt ihn zu sprechen wünsche.

Das ließ Übles befürchten. Während Bruder Benjamin durch die hallenden Wandelgänge schritt, versuchte er verzweifelt, sich irgendwelcher Sünden oder – schlimmer noch – Rechenfehler zu entsinnen.

„Bruder Benjamin", hub der Abt mit dünner, strenger Stimme an. „ich muß sagen, ich bin in höchstem Maße unzufrieden."

„Mein Abt, wenn ich einen Fehler gemacht haben sollte…"

Bild 1: Die digitale Sonnenuhr steht im Hof des Euklidikaner-Klosters.

„Nein, Bruder Benjamin. Ich bitte dich nur um deinen geschätzten Rat in einer Angelegenheit, die mir mißfällt. Deine technischen Kenntnisse werden allgemein gerühmt."

O weh. Hoffentlich hatte der Abt nicht wieder versehentlich das Vaterunser aus seinem elektronischen Gebetbuch gelöscht. Er hatte so einen Hang zum Anschaffen und Ruinieren von Hochtechnologiegeräten.

Das Stoßgebet des Mönchs wurde erhört. „Du erinnerst dich vielleicht", sagte der Abt, „daß das Kloster vor kurzem die Jalousien ersetzen ließ. Ich bin bestürzt. Die alten Jalousien konnte ich am Vormittag so einstellen, daß dieses Zimmer mäßig hell war, gerade recht zum Lesen. Danach brauchte ich mich bis zum späten Nachmittag nicht wieder darum zu kümmern. Aber die neuen muß ich fast stündlich nachstellen, um die Helligkeit einigermaßen konstant zu halten. Wie kommt das?"

Das rechte Maß der Erleuchtung

Benjamin ging zum Fenster hinüber. Die Lamellen der neuen Jalousien waren senkrecht angeordnet, die der alten dagegen waagerecht. Der Abt hatte dem Argument des Verkäufers Glauben geschenkt, daß sich auf senkrechten Lamellen erheblich weniger Staub ansammeln würde. Bruder Benjamin spielte an den Schnüren herum, mit denen sich der Winkel der Lamellen verstellen ließ. Das Gemach versank in fast völliger Dunkelheit, dann erhellte ein Sonnenstrahl die gegenüberliegende Wand, und schließlich wurde es wieder dunkel.

Dem Mönch dämmerte etwas. Aber wie sollte er es dem Abt schonend beibringen? „Verehrter Abt, ich glaube, es liegt an den senkrecht stehenden Lamellen."

„Unsinn. Lamellen sind Lamellen. In eine Richtung gestellt, halten sie das Licht ab, in eine andere Richtung gestellt, lassen sie es durch."

„Das schon, verehrter Abt. Aber die Sonne ist eine bewegliche Lichtquelle, und das verändert grundlegend die – äh – Geometrie." Bruder Benjamin hatte es geschickt vermieden, mit den ketzerischen Ansichten des Galileo Galilei Anstoß zu erregen, und statt dessen das Lieblingsthema der Euklidikaner angesprochen. Da er nicht abermals unterbrochen wurde, erklärte er: „Die Lamellen sind eng beieinanderstehende parallele Ebenen. Wenn die Lichtquelle in der richtigen Richtung steht, ihre Strahlen also parallel zu den Ebenen einfallen, dann wird der größte Teil durchgelassen. Wären die Lamellen unendlich dünn, dann wäre der verschluckte Anteil verschwindend gering."

Der Abt nickte verstehend, erlaubte aber seinen Augenbrauen, einen geringen Grad von Ungeduld zu zeigen. Bruder Benjamin beeilte sich fortzufahren: „Wenn das Licht die Lamellen dagegen unter einem Winkel trifft, dann wird ein gewisser Anteil verschluckt, und zwar um so mehr, je größer dieser Winkel ist."

„Bruder Benjamin, die Klarheit deines Geistes ist erleuchtend. Aber was besagt das über den Unterschied zwischen senkrechten und waagerechten Lamellen?"

„Verehrter Abt, wenn Ihr die Helligkeit konstant halten wollt, dann darf sich der Winkel zwischen den Lichtstrahlen und den Lamellen nur so wenig wie möglich ändern. Die Lichtquelle ist hier die Sonne, deren Ort am Himmel sich im Laufe des Tages bewegt. Da aber unser Kloster auf einem nördlichen Breitengrad liegt, ist die tägliche Höhenschwankung viel geringer als die Bewegung von Osten nach Westen. Eine horizontale Jalousie kann man daher auf einen Mittelwert einstellen: ein bißchen dunkel am frühen Morgen und am späten Abend, ein bißchen hell zur Mittagszeit, aber akzeptabel über die ganze Zeitspanne. Eine vertikale Jalousie muß man dagegen entsprechend der Sonnenbewegung alle paar Stunden nachstellen" (Bild 2).

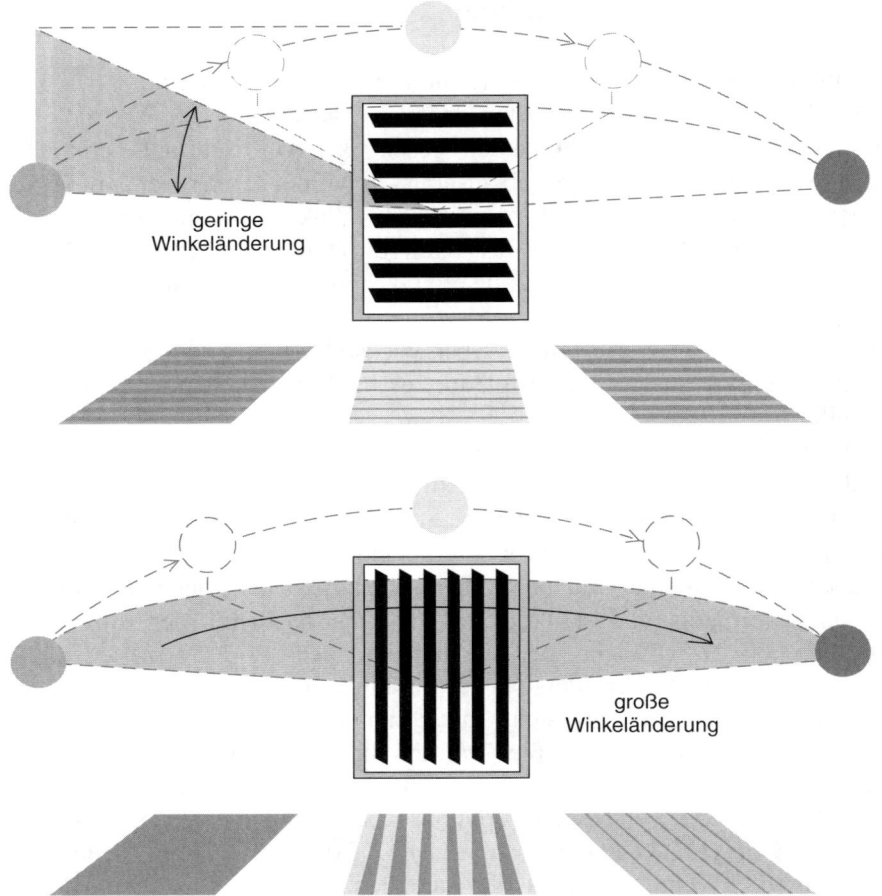

Bild 2: Jalousien mit waagerechten Lamellen müssen seltener nachgestellt werden als solche mit senkrechten, weil in nördlichen Breiten die Höhe der Sonne über dem Horizont weniger variiert als der Azimut (der Winkel gegen die Südrichtung).

Der Abt nickte, runzelte aber gleichzeitig die Stirn. Er selbst hatte die Jalousien bestellt.

„Wenn mir eine persönliche Bemerkung erlaubt ist", fügte Benjamin hastig hinzu, „diese Mühewaltung ist ein geringer Preis für die bemerkenswerte Abwesenheit jeglichen Staubes auf den Lamellen. Und das häufigere Nachstellen hilft sogar, den Staub abzuschütteln, der sich durch elektrostatische Aufladung vielleicht doch hingezogen fühlte."

„Gut gesprochen, Bruder Benjamin. Du darfst morgen früh um fünf Uhr die Lesung halten. Und vielleicht könntest du deine überragende Weisheit auch bei einer Angelegenheit von größerer Wichtigkeit einbringen. Es handelt sich um die Sonnenuhr des Klosters." Das rostige Gerät, das schon fünf

Jahrhunderte überdauert hatte, war eine Woche zuvor unter dem Gewicht eines Taubenschwarms mit großen Getöse zu Boden gekracht.

Das Prinzip der Sonnenuhr

„Ich könnte einen Ersatz bauen, mein Abt", bot Benjamin dienstbeflissen an. „Die Konstruktion beruht auf den gleichen geometrischen Prinzipien der Sonnenbewegung."

„Hm. Ich denke an etwas anderes", sagte der Abt. Er zog einen Ärmel seiner Robe zurück und enthüllte eine teure goldene Uhr. „So etwas."

„Wir könnten die Sonnenuhr mit Blattgold dekorieren, mein Abt."

„Ach was. Schau dir doch das Zifferblatt an."

„Ah. Eine Digitaluhr."

„Genau. Ich fände es zeitgemäßer, wenn unser Kloster mit einer digitalen Sonnenuhr ausgestattet wäre."

„Verehrter Abt, man könnte ohne weiteres auf dem Zifferblatt der Sonnenuhr die stilisierten Zahlzeichen eingravieren lassen, welche die Designer von Digitaluhren bevorzugen."

„Nein, Bruder Benjamin. Du verstehst meine Absicht nicht. Schau dir diesen Ring an. Wenn ich ihn in die Sonne halte, wirft er einen Schatten auf mein Schreibpult."

„Ja, verehrter Abt."

„Und welche Form hat der Schatten?"

„Es ist ein Kreis, Herr, wie der Ring."

„In der Tat. Aber wenn ich jetzt den Ring mit der Kante in den Sonnenstrahl drehe, so?"

„Dann ist es ein gerader Strich, Herr."

„Richtig! Und erinnern dich diese zwei Formen an etwas?"

„An die Zahlen 0 und 1, Herr."

„Hervorragend! Ich denke nun an einen Gegenstand, dessen Schatten sich mit der Bewegung der Sonne verändert und jede Minute der in Ziffern ausgeschriebenen Uhrzeit ähnelt."

„Ihr meint, um 23 Minuten nach sieben sollte der Schatten wie 7:23 aussehen?"

„Du hast es erfaßt."

„Das ist eine schwere Aufgabe, verehrter Abt."

„Gewiß, Bruder Benjamin. Aber sie wird dich doch nicht überfordern – hoffe ich. Ich muß mich jetzt wichtigeren Geschäften zuwenden. Geh hin in Frieden, bete und rechne."

In der Nacht träumte Benjamin von einem überaus komplizierten System bemalter Glasplatten, die sich, jede zu ihrer Zeit, aus einem Kasten heraushoben und Schatten warfen, welche die Tageszeit darstellten. Aber am nächsten Morgen verwarf der Abt die Idee mit dem Argument, digitale Geräte hätten keine beweglichen Teile – und Sonnenuhren erst recht nicht.

Bruder Benjamin hockte in sich zusammengesunken in seiner Zelle und war mit seinem Latein am Ende, als der neugierige Bruder Daniel sich neben ihn setzte. In seiner Not zögerte Benjamin nicht, ihm sein Herz auszuschütten.

„Verschiedene Schatten werfen? Aus verschiedenen Richtungen? Das habe ich doch schon einmal gesehen. Ich bin gleich wieder da." Daniel kam mit einem Buch wieder.

„Aber Daniel, dieses Buch steht auf dem Index! Es ist verboten. Ich darf es nicht lesen. Woher hast du . . ."

„Aus der Privatbibliothek unseres Abtes, Bruder. Der alte Lüstling behält die wirklich prickelnden Sachen für sich selbst zurück."

„Du könntest dich und mich damit in größte Schwierigkeiten bringen", murmelte Benjamin. Der Titel des Buches lautete „Gödel, Escher, Bach: ein Endloses Geflochtenes Band". Benjamin blätterte ein paar Seiten durch und fand nichts Ketzerisches darin. „Warum ist es verboten?"

„Es heißt, die Beziehung zwischen Achilles und der Schildkröte sei etwas anstößig."

„Stimmt das?"

„Keine Ahnung. Ich habe nicht so weit gelesen. Aber schau dir doch bloß den Umschlag an."

Das Titelbild zeigte einen merkwürdig geformten Gegenstand, der drei Schatten warf. Links war der Buchstabe G zu erkennen, unten ein B und rechts ein E (Bild 3). „Ich dachte, das könnte dir ein Hinweis sein", sagte Bruder Daniel. „Jedenfalls sieht man daran, daß ein und derselbe Gegenstand drei völlig verschiedene Schatten werfen kann. Vielleicht steckt ein allgemeines Prinzip dahinter."

Bild 3: Ein und derselbe Gegenstand kann drei völlig verschiedene Schatten werfen.

„Weißt du was, Bruder? Das könnte tatsächlich sein. Ich habe mich zu sehr in Einzelheiten vertieft, die Form der Ziffern und so weiter. Ich hätte das allgemeinere Problem untersuchen sollen: Welche Beziehung gibt es zwischen den Schatten, die ein Gegenstand in verschiedene Richtungen werfen kann?"

„Und was ist deiner Ansicht nach die Beziehung?" fragte Daniel.

„Gar keine." Und ohne ein weiteres Wort machte sich Benjamin davon, um seine Idee auszuarbeiten.

Nach Wochen konzentrierter, ununterbrochener Arbeit in der Werkstatt war der Mönch endlich zufrieden. Stolz trug er das fertige Werk zum Abt, um es ihm vorzuführen.

„Wenn dieses Modell Eure Zustimmung findet, werde ich ein entsprechendes Gerät in voller Größe für den Hof in Auftrag geben." Auf dem Tisch war ein schwacher, aber deutlicher Schatten der Form 1:52 zu sehen. Der Abt blickte auf seine Armbanduhr. Sie zeigte 4:17.

„Oh, verzeiht, ehrwürdiger Abt", sagte Benjamin eilfertig, „eine kleine Dejustierung." Er hantierte an der Sonnenuhr, bis auch sie 4:17 zeigte. Der Abt legte seine Armbanduhr neben den Schatten auf den Tisch. Als diese auf 4:18 umsprang, sah der Schatten ein bißchen verschwommen aus, aber einen Moment später war 4:18 zu erkennen. Über mehrere Minuten hinweg veränderte sich nun der Schatten synchron zur Anzeige der Digitaluhr.

„Genial", sagte der Abt. „Kannst du erklären, wie sie funktioniert?"

Rauhe Fraktale

„Ich begann das Prinzip eines solchen Gerätes zu verstehen, als ich mir eine sehr allgemeine Frage stellte: Was ist der Zusammenhang zwischen den Schatten, die ein Gegenstand in verschiedene Richtungen wirft? Die Gegenstände des täglichen Lebens sind von relativ einfacher Struktur, das heißt, sie sind von ebenen oder zumindest glatten Flächen begrenzt. Die Schatten solcher Objekte müssen sich stetig verändern: Kleine Veränderungen im Beleuchtungswinkel verursachen kleine Veränderungen des Schattenbildes.

Nun sind aber, wie Ihr wißt, Fraktale meine Spezialität. Einerlei wie stark man sie vergrößert, ihre Oberfläche ist nicht glatt, sondern hat eine Feinstruktur. Also muß bei diesen Gegenständen der Schatten nicht unbedingt stetig vom Einfallswinkel abhängen. Es müßte möglich sein, so dachte ich mir, diesen Effekt bis in den sichtbaren Bereich zu vergrößern. Dann könnte sich der Schatten völlig beliebig mit dem Einfallswinkel verändern. Jemand könnte mir eine Liste von Schatten mit zugehörigen Einfallswinkeln vorgeben, und ich würde ein Fraktal bauen, das, aus den entsprechenden Richtungen beleuchtet, genau die geforderten Schatten wirft.

Mittlerweile fand ich heraus, daß dieser Gedanke im wesentlichen richtig ist. Kenneth Falconer von der Universität Bristol in England hat 1986 einen mathematischen Satz dieses Inhalts bewiesen. Allerdings muß man sich die Freiheit nehmen, die geforderten Schattenformen möglicherweise in sehr wenigen Punkten abzuändern. Eine solche Änderung ist aber für das Auge praktisch unsichtbar und tut daher der Funktion der Sonnenuhr keinen Abbruch.

„Die zugrundeliegende Idee ist übrigens das Prinzip der Jalousie. Iterativ angewandt, liefert es eine Punktmenge, deren Schatten in einigen Richtungen groß, in anderen jedoch verschwindend klein ist", erläuterte Benjamin (Bild 4). „Indem man viele solche Mengen zusammenfügt, kommt man den geforderten Schatten beliebig nahe. Für den exakten Beweis muß man noch einen mathematischen Grenzwert bilden. In der Werkstatt konnte ich das Verfahren mit hinreichender Genauigkeit durchführen. Das Ergebnis steht vor Euch."

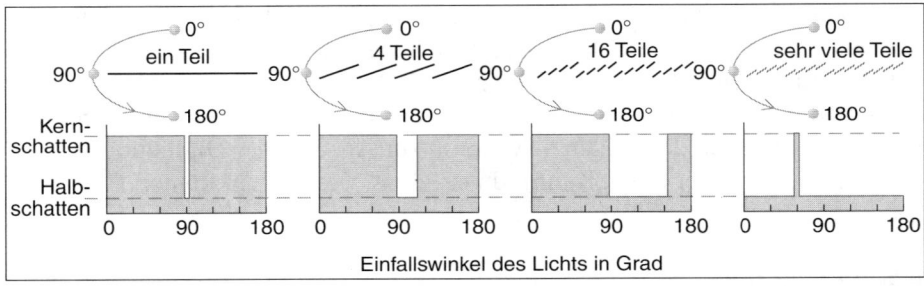

Bild 4: Hinter der Sonnenuhr mit Digitalanzeige steckt das Prinzip der Jalousie. Wenn man ein schattenwerfendes Rechteck in schmalere Streifen zerlegt und diese geeignet anordnet, kann man den Winkelbereich, in dem der Gegenstand einen Schatten wirft, verkleinern. Durch vielfache Wiederholung des Verfahrens kann der beschattete Winkelbereich beliebig klein werden.

Der Abt war wider Willen beeindruckt. „Bruder Benjamin, deine Sonnenuhr ist ein Wunder! Deinen Lohn erhältst du natürlich im Himmel, denn das ist geistig viel erhebender als profane materielle Entschädigung." Da kam ihm ein Gedanke. „Würdest du mir vielleicht noch bei einer anderen kleinen Aufgabe behilflich sein?"

Was blieb dem armen Klosterbruder übrig, als zuzustimmen?

„Ich erfuhr, daß die tibetanischen Mönche Maschinen verwenden, in denen ein geschriebenes Gebet auf ein Rad gewickelt ist. Wenn das Rad gedreht wird, dreht sich das Gebet mit und wird damit als gelesen betrachtet. Ich denke, das ist eine sehr arbeitssparende und lobenswerte Erfindung. Als ergebener Euklidikaner wirst du jedoch wissen, daß nur gesprochene Gebete wirksam sind. Könnte man nicht mit Hilfe der Prinzipien, die hinter deiner digitalen Sonnenuhr stecken, eine Maschine bauen, die entsprechende Laute hervorbringt, wenn der Wind sie dreht?"

Großer Gott, dachte Benjamin. Eine digitale Gebetsmühle, die mit alternativer Energie betrieben wird ... Fromm und fortschrittlich zugleich, gewiß. Aber wie soll ich das schaffen?

Neues aus Laputa

Ich hatte vor kurzem ein neu entdecktes Kapitel aus Jonathan Swifts klassischem Buch „Gullivers Reisen" vorgestellt. Nun stellt sich heraus, daß nicht nur Gulliver, sondern auch der von ihm so gedemütigte Landvermesser Schriftliches hinterlassen hat. Erich Ruso aus München sandte ein Schriftstück ein, das der Landvermesser offensichtlich zur Wiederherstellung seines Rufes für den König von Laputa verfaßt hat. Darin heißt es:

„Inzwischen weiß ich, daß der Satz über die Anzahl der Gipfel, Senken und Pässe, den jener arrogante Fremdling namens Gulliver als sein geistiges Eigentum in Anspruch nahm, eine Verallgemeinerung eines Satzes ist, den ich bereits in meiner Schulzeit gelernt habe.

Der Eulersche Polyedersatz besagt, daß in einem einfach zusammenhängenden Polyeder (das ist ein Körper, der von ebenen Flächen begrenzt wird und keine Löcher hat) die Beziehung $E + F - K = 2$ gilt. Dabei stehen E, F und K für die Anzahl der Ecken, Flächen beziehungsweise Kanten.

Nehmen wir weiter an, es handele sich um ein regelmäßiges Polyeder, etwa einen der fünf platonischen Körper (obgleich es darauf im Prinzip nicht ankommt). An die Stelle der von Gulliver betrachteten Funktion, der potentiellen Energie, setzen wir den Abstand vom Mittelpunkt. Jede Ecke ist ein Punkt maximalen Abstands vom Mittelpunkt, jeder Flächenmittelpunkt ein Punkt minimalen Abstands. Es gibt also genauso viele Gipfel wie Ecken und genauso viele Senken wie Flächen.

Außerdem ist im Mittelpunkt jeder Kante der Abstand vom Mittelpunkt des Polyeders in Kantenrichtung ein Minimum und quer dazu ein Maximum. Es liegt also ein Sattelpunkt vor, so daß die Anzahl der Kanten gleich der Anzahl der Pässe ist.

Schließlich ist die Oberfläche eines regulären Polyeders einer Kugeloberfläche (Sphäre) topologisch äquivalent, da sie stetig in eine solche deformiert werden kann.

Somit läuft der Eulersche Polyedersatz auf einen Spezialfall des Satzes von Gulliver hinaus."

Literaturhinweis

Fractal Geometry – Mathematical Foundations and Applications. Von Kenneth
    Falconer. John Wiley and Sons, 1990.

4
Eine Gewinnstrategie für Memory

*Um bei dem Spiel Memory zu gewinnen, braucht man auf die Dauer nichts
weiter als ein perfektes Gedächtnis und ein wenig Kopfrechnen.*

Mit dämonisch glitzernden Augen drehte der Mathemagier Matthew Morrison
Maddox die letzten beiden Karten um. „Ein Paar Könige", grinste er
höhnisch. „Und abermals hat mein unfehlbares Glück triumphiert!" Wir saßen
zwar recht freundschaftlich beisammen; aber Maddox läßt keine Gelegenheit
aus, seinen professionellen boshaften Blick zu üben.

Er ist ein Meister der mathematischen Zauberkunst (vergleiche meine
Beiträge in Spektrum der Wissenschaft, Juli 1990 und Januar 1991). Wer sich
darauf einläßt, gegen ihn um Geld zu spielen, kann eigentlich nicht ganz bei
Verstand sein. Aber genau das hatte ich an jenem Nachmittag vor, und ich
hoffte auch noch allen Ernstes, dabei zu gewinnen, nachdem Maddox die
letzten Wochen von meinen Verlusten in Saus und Braus gelebt hatte.

Das Spiel, in dem mich Maddox so schmählich geschlagen hatte, ist unter
dem Namen „Memory" oder „Konzentration" bekannt. Ein Kartenspiel,
in dem jede Karte doppelt vorkommt, wird gemischt und verdeckt auf dem
Tisch ausgelegt. Ein Zug besteht darin, nacheinander zwei Karten aufzudecken. Findet der Spieler ein Paar, darf er es behalten und noch einmal
ziehen. Anderenfalls werden die Karten wieder umgedreht, und der nächste
Spieler ist an der Reihe. Wer am Ende die meisten Paare eingesammelt hat, ist
Sieger.

Das Ergebnis nach zwölf Durchgängen war eindeutig und betrüblich – 12 : 0
für Maddox.

„Wie machst du das?" fragte ich.

„Was?" entgegnete er lässig.

„Jedesmal zu gewinnen?"

„Ganz einfach. Ich leide an unfehlbarem Glück."

„Blödsinn."

„Nun, Ian, ich kann dir so viel sagen, daß ich gewinne, weil ich mir die Lage
aller Karten merken kann. Aber es wäre unprofessionell, dir meine
Gedächtnistricks zu verraten."

„Sonst nichts?" fragte ich mit Unschuldsmiene.

„Was sonst braucht man bei so einem einfachen Spiel?"

„Das ist wahr", stimmte ich scheinheilig zu. „Ich mache dir einen Vorschlag." Es ging darum, zuerst einen Köder auszulegen. „Das Spiel ist nicht fair, wenn es nur auf ein gutes Gedächtnis ankommt und du deines bis zur Perfektion trainiert hast. Warum gleichen wir deinen Vorteil nicht aus, indem wir die einmal umgedrehten Karten offen liegen lassen?"

„Als hätten wir beide ein so perfektes Gedächtnis wie ich?"

„Genau."

Er dachte einen Moment darüber nach. „Na gut. Aber ich warne dich, ich werde trotzdem gewinnen. Ich habe ein natürliches Talent."

„Dann hast du sicherlich nichts dagegen, wenn ich die Karten mische und auslege." Ich kannte sein „natürliches" Talent. Wenn er die Karten nur in die Finger bekäme, hätte ich keine Chance.

„Das ist unfair", protestierte er.

„Im Gegenteil. Wollen wir um fünf Mark pro Paar wetten, damit es spannender ist?"

„Du meinst, der Verlierer zahlt fünf Mark für jedes Paar, das er weniger hat?"

„Ja. So wären die Chancen eigentlich ausgeglichen. Aber du hast ja dein unfehlbares Glück."

„Aber sicher." Jetzt hatte ich ihn an der Angel. Meine Hand fuhr nervös zur Brieftasche; ich mußte darauf vertrauen, daß sein Stolz ihm keinen Rückzieher erlaubte.

Eine Stunde später hatte ich 265 Mark kassiert und konnte mit großem Vergnügen beobachten, wie der dämonische Blick allmählich erstarrte. Es war mir zum ersten Mal gelungen, den großen Meister hereinzulegen. Maddox riß mir nervös das Spiel aus der Hand, breitete es aus und suchte mißtrauisch nach unauffälligen Kennzeichen auf der Rückseite.

„Ich schwöre, es sind ganz gewöhnliche Karten, Matt. Keine Tricks."

„Wie schaffst du es dann, auf einmal fast jedes Spiel zu gewinnen?"

„Ich leide an unfehlbarem Glück."

„Hatten wir dieses Gespräch nicht schon einmal?"

„Kann schon sein."

„Dein Glück muß mit den merkwürdigen Zügen zusammenhängen, die du machst. Manchmal wählst du eine schon aufgedeckte Karte bei einem Zug. Was soll das? Du verlierst so doch nur Information."

„Es wäre doch unprofessionell, dir mein Geheimnis einfach zu offenbaren. Aber für ein angemessenes Honorar ... Du kannst ein Vermögen damit verdienen." Nach einigem Feilschen einigten wir uns auf eine hübsche Summe. Aber Ihnen, verehrte Leser, werde ich den Trick auch so verraten.

Gewinnstrategie

Entgegen allem Anschein sind Gedächtnis und Glück nicht die einzigen Hilfsmittel zum Gewinnen. Die Gewinnstrategie für Memory ist leicht zu behalten und alles andere als offensichtlich – eine perfekte Kombination für jede mathemagische Manipulation. Der Mathematiker Uri Zwick und der Informatiker Michael S. Paterson von der Universität Warwick in England haben sie vor etwa einem Jahr entdeckt.

Jeder Spieler hat prinzipiell die Wahl unter drei Arten von Zügen: Er kann zwei neue, bisher nicht bekannte Karten aufdecken –am Anfang des Spiels bleibt ihm gar nichts anderes übrig –, zwei alte oder eine alte und eine neue; im dritten Fall hat er allerdings noch zu entscheiden, ob die erste Karte, die er aufdeckt, eine alte oder eine neue sein soll.

Wenn eine neu aufgedeckte Karte zu einer bereits früher aufgedeckten paßt, wird jeder Spieler, wenn er überhaupt die Möglichkeit dazu hat, von der bisher geplanten Strategie abgehen: Dank seines perfekten Gedächtnisses findet er die Partnerkarte, sammelt das Paar ein und zieht nochmals; dabei hängt es von der neu entstandenen Situation ab, welche Zugart er wählt.

Ich bezeichne die Zugmöglichkeiten mit A für eine alte und N für eine neue Karte. Einige Kombinationen muß man nicht weiter diskutieren. Zum einen ist ein AN-Zug (erst eine alte, dann eine neue Karte) immer schlechter als ein NA-Zug, denn die neue Karte könnte zu einer bereits aufgedeckten passen; bei einem NA-Zug kann man das Paar abräumen, was man bei einem AN-Zug seinem Gegner überlassen muß. Zum zweiten könnte ein AA-Zug zwar die günstigste unter allen Möglichkeiten sein, würde aber die Spielsituation überhaupt nicht verändern. Also wäre danach auch für den Gegner im nächsten Zug AA die optimale Wahl, was auf ein endloses Spiel und damit ein Unentschieden hinauslaufen würde.

Es verbleiben mithin von den vier Zugtypen NA und NN. Kann NA günstiger sein als das Ziehen zweier neuer Karten auf gut Glück? Überraschenderweise ja.

Gewinnerwartungen

Die Strategie von Zwick und Paterson hängt davon ab, wieviele Paare noch auf dem Tisch liegen und wieviele Karten schon umgedreht worden sind; es kommt nicht darauf an, welche Bilder die bekannten Karten zeigen. Eine Spielposition wird mit (n,k) bezeichnet; dabei ist n die Anzahl der Kartenpaare, die noch auf dem Tisch liegen, und k die Anzahl der bereits bekannten Karten. Beispielsweise bedeutet $(5,4)$, daß noch fünf Paare (zehn Karten) auf dem Tisch liegen und unter diesen vier Karten schon einmal umgedreht worden sind.

Zwick und Paterson fanden nun Regeln, nach denen man in jeder Stellung entscheiden kann, ob man einen *AA*-, einen *NA*- oder einen *NN*-Zug machen soll (die Kombination *AA* bleibt deswegen eine Option, weil man sich damit notfalls in ein Patt retten kann). Wie sind sie darauf gekommen?

Vereinbaren wir zunächst, daß in jeder Spielsituation die Anzahl der Paare, die ein Spieler mehr als sein Gegner hat, sein aktueller Gewinn heißen soll; entsprechend ist der aktuelle Verlust definiert. Des weiteren ist unter dem zu erwartenden Gewinn eines Spielers sein durchschnittlicher Gewinn in einer großen Anzahl von Spielen mit zufällig verteilten Karten zu verstehen. Und schließlich nennen wir den Wert einer Stellung den zu erwartenden Gewinn für den Spieler, der in dieser Stellung am Zug ist – die bis zu diesem Zeitpunkt bereits eingesammelten Karten nicht mitgezählt; das ist also die Anzahl an Paaren, die er von da an bis zum Schluß voraussichtlich mehr einsammeln wird als sein Gegner. Der Wert einer Patt-Stellung, in der beide Spieler optimalerweise *AA*-Züge machen, wird als null vereinbart.

Die Strategie von Zwick und Paterson ist optimal in dem Sinne, daß sie den zu erwartenden Gewinn maximiert. Wir nehmen an, daß die Spieler jedes verfügbare Paar auf der Stelle einsammeln, da sie dadurch ihren zu erwartenden Gewinn nur erhöhen können.

Spieltheorie

Schauen wir uns zur Einstimmung zunächst –wenig interessante, aber übersichtliche – Spiele mit nur wenigen Paaren an. Nehmen wir an, Alice spielt gegen Bruno und hat den ersten Zug. Bei nur einem Paar auf dem Tisch – das ist die Stellung (1,0) – ist klar, daß Alice stets gewinnt. Der zu erwartende Gewinn und damit der Wert der Stellung (1,0) ist also 1.

Wie steht es mit zwei Paaren, also der Position (2,0)? Beim ersten Zug muß Alice zwei Karten umdrehen. Bilden sie ein Paar, gilt das auch für die beiden restlichen Karten; dann kann Alice beide Paare nehmen und hat gewonnen. Wenn nicht, hat sie zwei verschiedene Karten umgedreht und die Stellung (2,2) hinterlassen. Jede neue Karte, die Bruno nun umdreht, paßt zu einer bereits bekannten; er kann also beide Paare nehmen und gewinnt.

Wie hoch ist die Wahrscheinlichkeit, daß Alices erste zwei Karten zusammenpassen? Angenommen, es liegen ein Paar Könige und ein Paar Damen auf dem Tisch, in Kurzschreibweise KKDD, und Alice deckt zuerst einen König auf. Dann gibt es für die zweite Karte drei Möglichkeiten, nämlich K, D oder D. Die Wahrscheinlichkeit, daß die zweite Karte paßt, beträgt also 1/3. Das gleiche gilt, wenn Alice als erstes eine Dame aufdeckt. Folglich beträgt die Gewinnchance für Alice 1/3 und für Bruno 2/3.

Alices zu erwartender Gewinn und damit der Wert einer solchen Spielstellung ist $2 \times (1/3) - 2 \times (2/3) = -2/3$. Alice wird mithin im Durchschnitt verlieren, wenn sie in der Stellung (2,0) am Zug ist.

Bis jetzt gab es noch keine Möglichkeit, sich für einen Zugtyp zu entscheiden. Nun fügen wir dem Spiel zwei Buben hinzu, das heißt, wir betrachten die Stellung (3,0) (Bild 1). Angenommen, Alice deckt zuerst einen König auf. Es verbleiben die noch nicht aufgedeckten Karten KDDBB. Ihre Chance, den zweiten König aufzudecken, beträgt 1/5. Wenn ihr das gelingt, verbleibt ein Spiel mit zwei Paaren, und ihr zu erwartender Gewinn aus dieser Stellung beträgt –2/3, wie wir eben gesehen haben. Wenn aber Alices zweite Karte kein König ist (wir können annehmen, es sei eine Dame, denn für einen Buben verläuft die Argumentation genauso), dann ist Bruno am Zug. Dieses Ereignis hat die Wahrscheinlichkeit 4/5.

Bruno muß nun in der (3,2)-Stellung KD**** ziehen, wobei die Sterne für noch unbekannte Karten stehen. Ihm stehen jetzt die drei Möglichkeiten *NN*, *NA* und *AA* zur Verfügung.

Angenommen, er macht einen *NN*-Zug. Dann kann seine erste Karte K oder D sein; dieses Ereignis hat die Wahrscheinlichkeit 1/2. Wir wollen annehmen, es sei ein König. Bruno kann dann den zugehörigen König aufdecken, das Paar wegnehmen und in der (2,1)-Stellung D*** nochmals ziehen. Aus dieser hat er eine Chance von 1/3, beide Paare zu gewinnen, indem er die zweite Dame aufdeckt. Sonst verliert er beide Paare.

Andererseits könnte er aus der Stellung KD**** als erste Karte einen Buben aufdecken, ebenfalls mit der Wahrscheinlichkeit 1/2. Dann besteht seine einzige Chance darin, auch den zweiten Buben aufzudecken; dieses Ereignis hat die Wahrscheinlichkeit 1/3. Wenn ihm das gelingt, räumt er alles ab. Wenn nicht, räumt Alice ab.

Dieses Schema ist ziemlich kompliziert, aber glücklicherweise muß man für die Alternative *NA* nicht mehr viel nachdenken. Wenn Bruno diese statt eines *NN*-Zuges ausführt, dann ist der Spielverlauf fast genau derselbe; nur die letzte Möglichkeit, die ihm den fehlenden Buben liefern könnte, nutzt er nicht. Statt dessen hinterläßt er Alice die (3,3)-Stellung KDB***, und aus dieser räumt sie stets ab, denn jede neue Karte, die sie umdreht, paßt zu einer, die sie schon kennt – schlecht für Bruno. Somit beträgt der zu erwartende Gewinn aus der Position (3,2) für einen *NN*-Zug 1/3 und für einen *NA*-Zug –2/3. Wenn Bruno also nicht ganz dumm ist, wird er einen *NN*-Zug ausführen.

Eine ähnliche Überlegung zeigt, daß ein *NN*-Zug auch besser als ein *AA*-Zug ist. Indem man die Wahrscheinlichkeiten durch das Diagramm verfolgt, kann man ausrechnen, daß der zu erwartende Gewinn in der Position (3,0), also mit drei Paaren ohne aufgedeckte Karten, für den ersten Spieler –1/5 beträgt; er wird also im Durchschnitt verlieren. Die Folgerung ist: Spiele nicht als erster in einer Stellung mit drei Kartenpaaren.

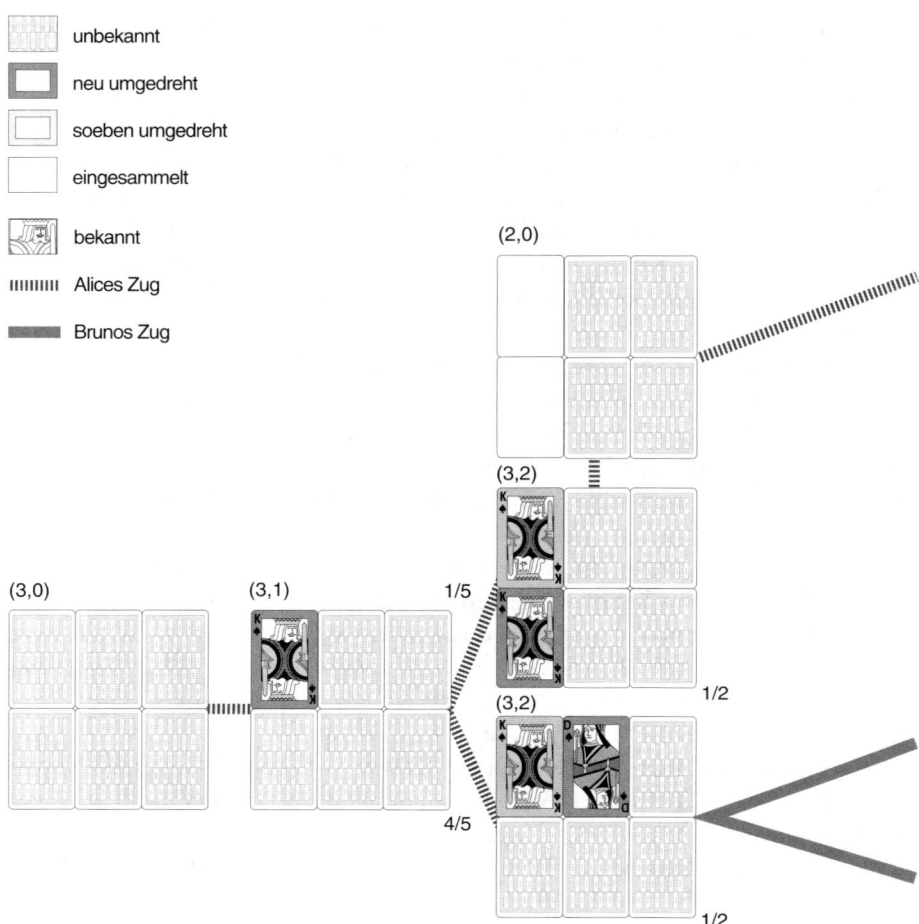

Bild 1: Sämtliche möglichen Spielverläufe für Memory mit drei Kartenpaaren. Jede Gruppe von sechs Karten stellt eine Position des Spiels dar; links über jeder Position steht deren Kennzeichnung: (Anzahl der Paare auf dem Tisch, Anzahl der bekannten Karten). Ohne Beschränkung der Allgemeinheit nehmen wir an, daß Alice (die erste Spielerin) als erste Karte einen König aufdeckt; für eine Dame oder einen Buben ergäbe sich ein gleichartiges Diagramm. Entsprechend kommt es nicht darauf an, ob die zweite aufgedeckte Karte eine Dame oder ein Bube ist. Die Wahrscheinlichkeit für KD ist 2/5, desgleichen für KB; die Wahrscheinlichkeit, zwei nicht zusammengehörige Karten aufzudecken, ist daher 4/5, wie im Diagramm verzeichnet. Wenn ein König und eine Dame bekannt sind und Bruno (der zweite Spieler) zuerst einen Buben und dann einen weiteren König aufdeckt, muß er es nach den Spielregeln Alice überlassen, die jetzt bekannten Könige – und danach alle Karten – einzusammeln.

Durch Wiederholung dieses Verfahrens kann man den Wert jeder Position bestimmen. Zwick und Paterson haben die Werte für bis zu sieben Kartenpaare ausgerechnet (Bild 2). Die Tabelle gibt zwar gewisse Hinweise auf ein Bildungsgesetz, aber man kann nicht einfach raten, welche die nächsten

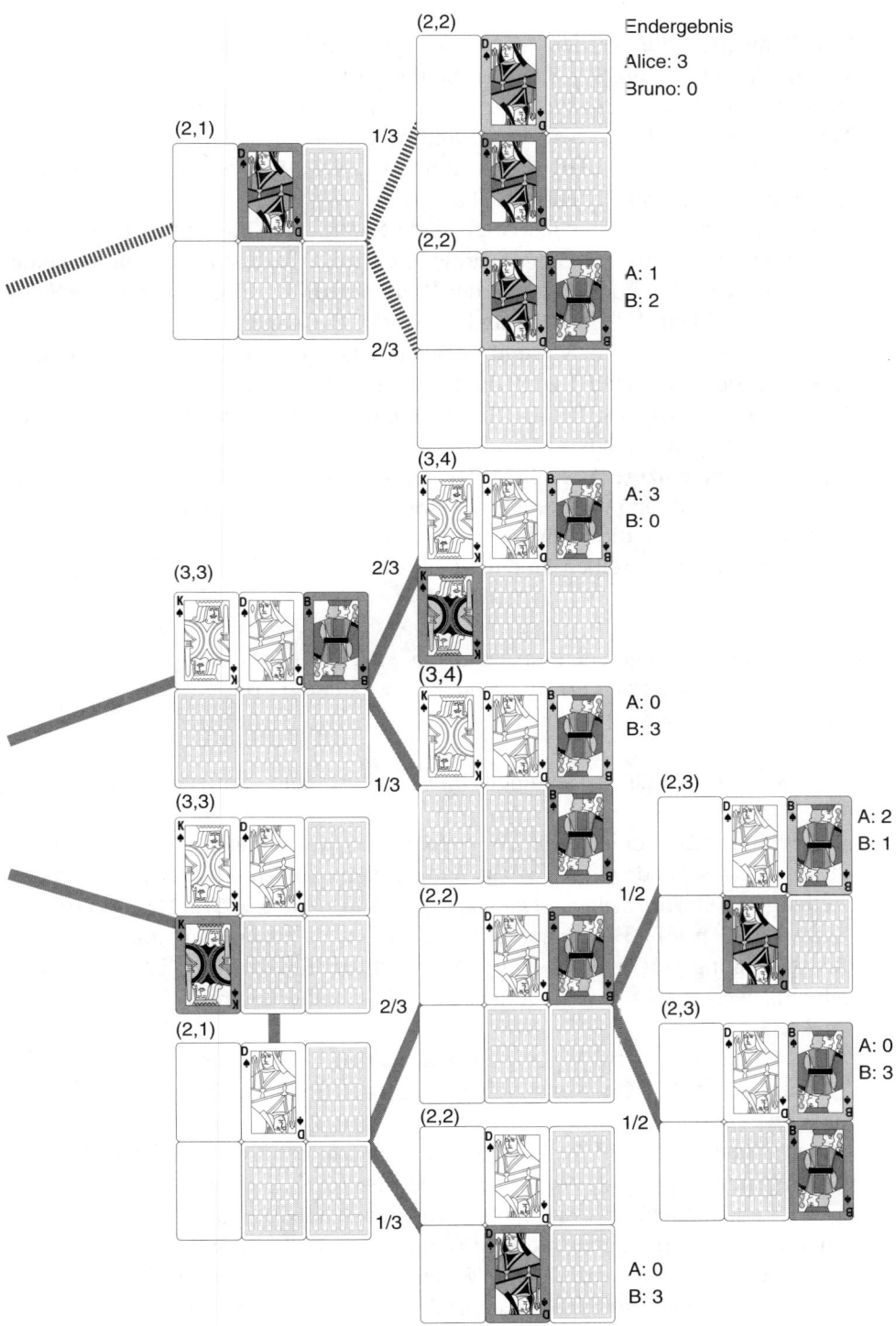

Tabellenwerte sein werden. Man kann ihr jedoch im Prinzip entnehmen, welche Art Zug in einer gegebenen Stellung die beste ist. Die Methode ist im Prinzip einfach, aber umständlich in der Praxis, wie wir eben gesehen haben. Wir arbeiten uns durch die Tabelle und bestimmen in jedem Fall, für welche Zugart der erwartete Gewinn maximal ist. Die Ergebnisse sind in dem Diagramm neben der Tabelle zu sehen.

Nun springt ein Muster ins Auge. Jede Spalte des Diagramms (von unten nach oben zu lesen) beginnt unvermeidlich mit NN (für $k = 0$ gibt es keine alten Karten). Wenn die Anzahl n der Paare gerade ist, folgt auf dieses NN ein weiteres NN, dann NA, NN, NA und so weiter. Für ungerades n dagegen lautet die Folge NA, NN, NA, NN und so weiter. Ist die Anzahl k der bekannten Karten jedoch hinreichend groß, dann ändert sich das Muster von NA, NN, NA, NN in NA, AA, NA, AA. Dieser Umschlagpunkt liegt ziemlich genau bei zwei Dritteln der Spaltenhöhe.

Es gibt eine einzige Ausnahme. Der beste Zug aus einer $(6,1)$-Stellung hat den Typ NA, während das gerade beschriebene Muster einen NN-Zug ergäbe.

Damit kann ich die Gewinnstrategie von Zwick und Paterson für das Memory-Spiel beschreiben. In einer (n,k)-Stellung mache man einen Zug vom Typ

– AA, wenn $n + k$ ungerade und zusätzlich $k \geq 2(n + 1)/3$ ist,
– NA, wenn $n + k$ gerade und $k \geq 1$ oder $k = 1$ und $n = 6$ ist,
– NN in allen anderen Fällen.

Und selbstverständlich sammelt man sofort alle auftauchenden Paare ein.

Obwohl die Strategie erst nach langwierigen Rechnungen gefunden wurde, ist sie überraschend einfach anzuwenden. Nehmen wir an, Alice soll in der Stellung $(100,67)$ ziehen. Dann ist $n = 100$ und $k = 67$. Der Wert des Ausdrucks $2(n + 1)/3$ ist ungefähr 67,3, also etwas höher als k, und mithin ist die Bedingung für einen AA-Zug nicht erfüllt. Ein NA-Zug ist auch nicht geboten, weil $n + k = 167$ ungerade ist. Alice sollte demnach einen NN-Zug spielen.

Das Diagramm in Bild 2 zeigt, daß der erste interessante Fall, in dem ein NA-Zug einem NN-Zug vorzuziehen ist, in der Stellung $(3,1)$ auftritt. Wenn Sie wissen wollen, warum, schreiben Sie dazu die Spielmöglichkeiten nach beiden Zügen hin und berechnen Sie den zu erwartenden Gewinn. Das naheliegende Argument, ein AA-Zug oder ein NA-Zug verschenke Information, ist nicht stichhaltig, weil man mit einem solchen Zug nicht nur sich selbst, sondern auch dem Gegner diese Information vorenthält; und das kann – wie hier – durchaus von Vorteil sein. Wenn von zwei Dritteln der Paare jeweils eine Karte bekannt ist, dann ist sogar der Wert der Chance, durch Aufdecken

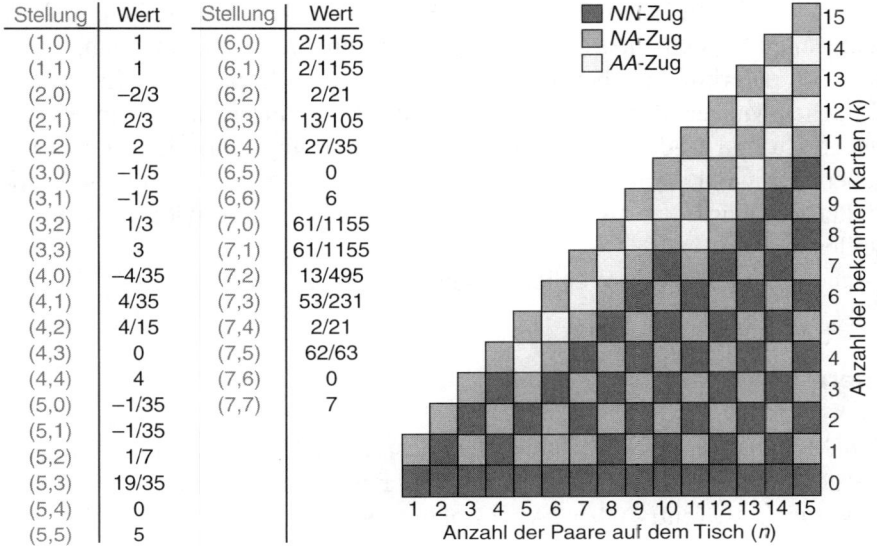

Stellung	Wert	Stellung	Wert
(1,0)	1	(6,0)	2/1155
(1,1)	1	(6,1)	2/1155
(2,0)	−2/3	(6,2)	2/21
(2,1)	2/3	(6,3)	13/105
(2,2)	2	(6,4)	27/35
(3,0)	−1/5	(6,5)	0
(3,1)	−1/5	(6,6)	6
(3,2)	1/3	(7,0)	61/1155
(3,3)	3	(7,1)	61/1155
(4,0)	−4/35	(7,2)	13/495
(4,1)	4/35	(7,3)	53/231
(4,2)	4/15	(7,4)	2/21
(4,3)	0	(7,5)	62/63
(4,4)	4	(7,6)	0
(5,0)	−1/35	(7,7)	7
(5,1)	−1/35		
(5,2)	1/7		
(5,3)	19/35		
(5,4)	0		
(5,5)	5		

Bild 2: Gewinnstrategie für Memory mit perfektem Gedächtnis. Die Tabelle links zeigt die Werte jeder Stellung (n, k) für Spiele mit bis zu sieben Paaren. Das Diagramm rechts gibt zu jeder Stellung mit bis zu 15 Paaren den optimalen Zug an.

einer neuen Karte ein Paar zu ergattern, geringer einzuschätzen als die Information, die man dadurch seinem Gegner zugänglich macht: Nichtstun ist dann für alle Beteiligten die beste Strategie.

Wie man bei Memory gewinnt, ist nach alledem eigentlich ganz einfach: Legen Sie sich zuerst ein unfehlbares Gedächtnis zu und spielen Sie dann die optimale Zwick-Paterson-Strategie.

Computer-Algebra

Bisher habe ich zugunsten dieser Strategie nur einige experimentelle Indizien angeführt. Woher weiß ich, daß das Muster für alle Werte von n und k Bestand hat? Es könnte ja außer dem Fall (6,1) noch mehr Ausnahmen geben, oder das Muster könnte für große Werte von n vollkommen anders aussehen. Zwick und Paterson haben bewiesen, daß das Muster sich in der Tat so fortsetzt.

Ihr Beweis stützt sich entscheidend auf Computer-Algebra: Programme, die mit algebraischen Ausdrücken auf ähnliche Weise rechnen wie ein Mathematiker. Auf den Befehl hin, $3x^2 + 2x + 5$ und $4x^2 + x$ zu addieren, würde ein solches Programm $7x^2 + 3x + 5$ ausgeben. Im Gegensatz zu den üblichen können solche Programme sowohl mit Zahlen als auch mit Symbolen umgehen.

Maddox lehnte sich in seinem Stuhl zurück. „Erstaunlich! Algebra, Wahrscheinlichkeitstheorie, unglaublich komplizierte Rechnungen, die nur mit Computerhilfe zu bewältigen sind – und doch zeigt das Ergebnis ein einfaches Muster, das jeder verwenden kann, um in einem echten Spiel den besten Zug zu finden." Ich hörte es in seinem Kopf förmlich klicken: Wie ließen sich wohl die teuer erkauften Kenntnisse zu seinem Vorteil anwenden? Sicherlich würde er als erstes mein Beratungshonorar wieder hereinholen wollen.

Ich muß mich einige Wochen von ihm fernhalten.

Literaturhinweis

The Memory Game (Extended Abstract). Von Uri Zwick und Michael S. Paterson. 1991, zu beziehen beim Mathematics Institute, University of Warwick, Coventry CV4 7AL, Großbritannien.

5
Olympia im Jahre 2092

*Die Olympischen Spiele 2092 sollen auf allen Planeten des Sonnensystems
zugleich stattfinden. Wie können die Veranstalter sämtlichen Wettkämpfern
faire Bedingungen bieten?*

Der Delegierte vom Saturn staunte über die blankpolierte Oberfläche des
langen Konferenztisches, in der sich blendend hell die Sonne spiegelte. Dann
fiel ihm ein, daß er sich auf dem Merkur befand und daher die Blendung nicht
von der Politur, sondern von der Sonne herrührte. Die anderen Mitglieder des
Organisationskomitees nahmen ihre Plätze ein, wobei sie zum Teil beträchtlich
mit der niedrigen Schwerkraft zu kämpfen hatten.

Der Präsident des neu gebildeten Interplanetarischen Olympischen Komi-
tees erhob sich. „Meine Damen und Herren, dies ist ein historischer
Augenblick. Schon im nächsten Jahr, 2092, werden die 50. Olympischen
Spiele der Neuzeit und – Sie alle wissen es – die allerersten Interplanetarischen
Olympischen Spiele stattfinden. Das stellt uns vor beispiellose logistische
Probleme. Um nicht Millionen von Menschen zu einer Reise durch das
Sonnensystem zu nötigen, werden wir die Spiele gleichzeitig in allen zehn
Welten der Interplanetarischen Sportvereinigung abhalten müssen: auf Mer-
kur, Venus, der Erde, Mars, Jupiter, Saturn, Uranus, Neptun, Pluto und – nicht
zu vergessen –auch in der Enklave auf dem Erdmond."

„Wie soll das genau vonstatten gehen?" fragte der neptunische Delegierte,
der Form halber.

„Am einfachsten ist es bei den Einzeldisziplinen", erwiderte der Präsident.
„In jeder Welt finden die Wettkämpfe unter der Aufsicht örtlicher Kampfrich-
ter statt, und die Ergebnisse werden zentral ausgewertet. Die drei besten
Sportler erhalten Medaillen. Das gleiche gilt auch für Wettläufe, nur daß die
Sportler gegen die Uhr laufen. Ich gestehe, daß die Mannschaftswettkämpfe
problematisch sind; aber auf unserer letzten Sitzung haben wir – mit knapper
Mehrheit – beschlossen, es mit gekoppelten Computersimulatoren zu versu-
chen."

Die Delegierte vom Mond hob ihre Hand. „Herr Präsident, mein planetarisches Komitee hat einen Einwand vorzubringen."

„Typisch Mondmenschen", grummelte der Delegierte von der Venus. „Haben noch nicht mal einen Planeten, aber ihr sogenanntes planetarisches Komitee benimmt sich so gewichtig, als wäre es vom Jupiter."

Die lunare Delegierte fuhr fort: „Wir sind zu der Überzeugung gekommen, daß der größere Durchmesser des Jupiter den dortigen Sportlern einen unfairen Vorteil beim Gewichtheben verschafft."

„Lächerlich!" warf der Delegierte vom Jupiter ein.

„Es ist wissenschaftlich erwiesen, daß Sportler in Disziplinen, wo es auf ruckartige Kraftanstrengung ankommt, in großen Höhen bessere Leistungen erbringen", erklärte die Mond-Vertreterin. „Da Höhe nichts anderes ist als der Abstand vom Mittelpunkt des Planeten, verschafft der große Durchmesser des Jupiter seinen Bewohnern einen massiven Vorteil."

Der jovianische Delegierte sprang erregt auf. In seinem Zorn vergaß er, die geringe merkurische Gravitation zu berücksichtigen, so daß er mit dem Kopf laut scheppernd gegen die Decke schlug. „Ist es dem olympischen Komitee der lunaren Enklave entgangen", fragte er, langsam zu Boden sinkend, mit von Schmerz und Ironie gefärbter Stimme, „daß die höhere Schwerkraft auf dem Jupiter unsere Mannschaft beim Gewichtheben erheblich benachteiligt? Das wiegt jeden angeblichen Vorteil großer Höhe vielfach auf. Außerdem sollte die Höhe vom Meeresspiegel aus gemessen werden und nicht vom Mittelpunkt des Planeten aus."

„Der Jupiter hat aber kein Meer", giftete die lunare Delegierte.

„Der Mond auch nicht."

„Doch! Das Meer der Ruhe!"

„Das ist das Stichwort", griff der Präsident in die Debatte ein. „Ruhe. Ich bitte dringend um eine freundliche und ruhige, kooperative Atmosphäre. Immerhin haben wir dem ganzen Sonnensystem die Einheit des Sports und die Wichtigkeit des Mannschaftsgeistes zu demonstrieren."

„Und des Frauschaftsgeistes", ergänzte die Delegierte vom Mond.

„Das ist ja alles sehr nett", sagte der Saturnier. „Aber Sie wissen doch genau, daß der Speerwurf unter der Gravitation unseres Planeten viel schwieriger ist als etwa auf dem Mars."

Luna ließ sich nicht beeindrucken. „Ich beantrage, daß die Ergebnisse der Wettkämpfe im Gewichtheben entsprechend den Planetendurchmessern korrigiert werden."

„Ich auch!" riefen Pluto und Merkur gleichzeitig.

„Aber das ist doch idiotisch!" brüllte Jupiter. „Luna hat einen kleinen Durchmesser und außerdem geringe Schwerkraft. Jeder Mensch kann auf dem Mond Tonnen heben, und Sie wollen die Ergebnisse noch weiter zu Ihrem Vorteil manipulieren!"

Als auch noch der wegen seiner Langsamkeit gefürchtete Uranier sich im allgemeinen Geschrei zu Wort meldete, gab der Präsident jeden weiteren

Versuch auf, in dieser Versammlung noch einen Konsens zu finden.

„Wir können diese Frage hier nicht im einzelnen diskutieren. Die örtlichen Gegebenheiten im Sonnensystem sind alles andere als einheitlich. Die jeweils angemessene Kompensation dafür hängt von der Sportart ab. Ich schlage vor, wir setzen einen Unterausschuß zur Klärung dieser Fragen ein. Offenbar müssen Luna und Jupiter dem Ausschuß angehören. Als Repräsentanten der mittelgroßen Planeten schlage ich Venus vor. Wenn wir uns auf diesen Vorschlag einigen könnten, werde ich mich jetzt der viel wichtigeren Frage nach der erlaubten Größe der Werbeflächen ..."

Sitzung des Unterausschusses

„... ich denke, es herrscht allgemeine Einigkeit, daß der Durchmesser des Planeten an sich keinen erheblichen Einfluß auf das Gewichtheben hat", sagte Venus. Jupiter nickte, und Luna streckte ihm die Zunge heraus.

„Also mehrheitlich beschlossen. Weiterhin sind wir uns einig, daß die entscheidende Größe die Schwerkraft ist und daß daher alle Massen mit der lokalen Schwerebeschleunigung multipliziert werden sollten."

„Genau. Gewicht ist Masse mal Gravitation", stellte Jupiter klar. „Wenn es auf die Gravitation nicht ankäme, hieße der Sport ja Massenheben."

„Für das Stemmen mag das richtig sein, aber ich glaube, beim Reißen sieht es anders aus", sagte Luna. „Es ist auch eine Kraftanstrengung notwendig, um die Trägheit der Hantel zu überwinden. Wenn sie in Bewegung versetzt wird, ist das eine Änderung des Impulses, und der hängt von der Masse ab, nicht vom Gewicht."

„Wir werden Ihre abweichende Meinung zu Protokoll nehmen", sagte Venus. „Jetzt zu den Laufsportarten."

Lang- und Kurzstreckenläufe

„Das ist sehr verwickelt, wenn man zu sehr ins Detail geht", sagte Jupiter. „Es hängt nämlich vom Laufstil der Sportler ab. Wir müssen uns mit einer Vereinfachung begnügen, die für alle Wettkämpfe genau genug ist, außer vielleicht für die Kurzstreckenläufe. Wenn ein Athlet läuft, wandelt er chemische Energie in seinem Körper in Bewegungsenergie um. Von der Geschwindigkeit des Läufers betrachten wir nur die Komponente, die ihn tatsächlich voranbringt; das ist die horizontale. Die chemische Energie E, die ein Mensch aufbringen kann, ist unabhängig vom Planeten; es steht ja überall die gleiche Kraftnahrung zur Verfügung. Außerdem ist die kinetische Energie gleich $mu^2/2$, wobei u die Geschwindigkeit und m die Masse ist. Also ist auch

$E = mu^2/2$ und folglich $u = \sqrt{2E/m}$: Die Geschwindigkeit hängt nicht von der Gravitation ab. Also muß bei Laufwettkämpfen keine Korrektur für die Gravitation angebracht werden."

„Mag sein", sagte Luna. „Aber beim Laufen bewegt man sich auch auf und ab, und diese Bewegung hängt von der Gravitation ab, weil dabei sowohl potentielle als auch kinetische Energie vorkommen. Und Sie vernachlässigen die Energie, die die Läuferin beim Start aufwenden muß, um sich aus der Hocke zu erheben."

„Deshalb werden wir wohl die Kurzstreckendisziplinen genauer untersuchen müssen", lenkte Jupiter ein, „aber nicht jetzt. Was die vertikale Bewegung betrifft, so denke ich, es ist Sache jedes Athleten, Techniken zu deren Minimierung zu entwickeln."

Sie einigten sich vorläufig darauf, keine Kompensation für längere Strecken vorzuschlagen. „Jetzt zum Hochsprung", sagte Venus.

„Der hängt natürlich von der Schwerebeschleunigung ab!"

„Ja, Luna, dem stimme ich zu. Deshalb habe ich eine Tabelle der Schwerebeschleunigungen auf den zehn Planeten der Union vorbereitet" (Bild 1).

„Das ist leicht", meinte Jupiter. „Stellen Sie sich einen Athleten der Masse m vor. Er . . ."

„. . . oder sie!" unterbrach Luna.

„. . . kann mit einer Anfangsgeschwindigkeit u vertikal nach oben abspringen, die von der Schnellkraft seiner – oder ihrer – Muskeln bestimmt wird. Diese Kraft ist unabhängig von der Gravitation. Die anfängliche kinetische Energie der Springerin ist wieder $mu^2/2$. Die wandelt sie in potentielle Energie mgh um, wobei h ihre Höhe im Scheitelpunkt des Sprungs und g die Schwerebeschleunigung ist. Daraus ergibt sich $mgh = mu^2/2$, und $h = u^2/(2g)$. Je größer g ist, desto niedriger der Sprung."

„Darf ich eine kleine Korrektur anbringen?" fragte Venus. „Sie haben die Höhe ausgerechnet, bis zu der sich der Schwerpunkt des Springers erheben kann. Aber es gehört zur Technik des Hochsprungs, den Körper so zu biegen, daß der Schwerpunkt stets unterhalb der Latte bleibt. Man sollte eine Korrektur von 0,2 Metern anbringen, um dies zu berücksichtigen."

„Sie haben noch etwas vergessen", wandte Luna ein. „Der Schwerpunkt des Springers befindet sich anfangs nicht in Bodenhöhe."

„Nein, er liegt etwa einen Meter über dem Boden."

„Ja, aber die Knie sind vor dem Sprung gebeugt."

„Ich schlage vor", sagte Jupiter, „wir sehen eine Korrektur von genau einem Meter vor. Die übersprungene Höhe ist dann $1 + u^2/(2g)$, in Metern gemessen."

„Können wir diese Formel vielleicht durch irgendwelche Vergleiche testen?" fragte Luna.

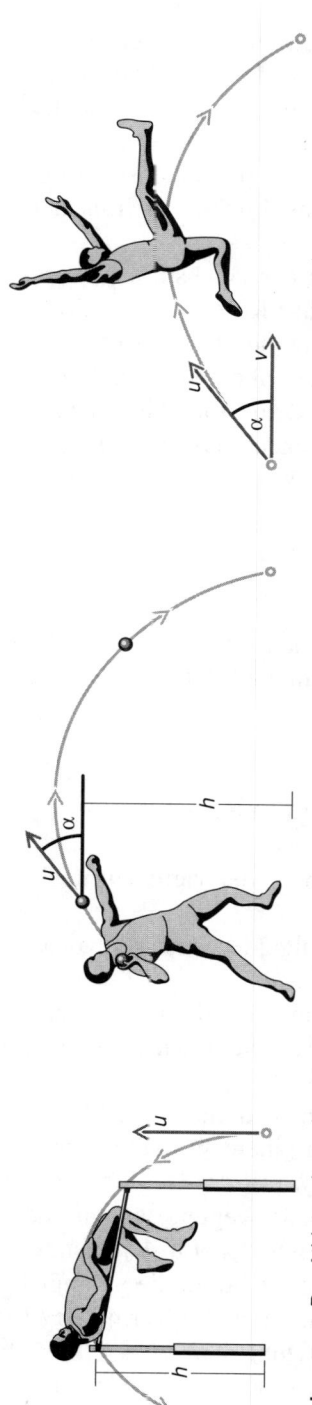

Hochsprung: Der Athlet springt mit einer Anfangsgeschwindigkeit von 5,203 Metern pro Sekunde aufwärts (die Vorwärtsbewegung wird vernachlässigt). Sein Schwerpunkt liegt in diesem Moment 1 Meter hoch.

Kugelstoßen: Der Athlet gibt der Kugel eine Anfangsgeschwindigkeit von 14,2 Metern pro Sekunde. Er wirft sie aus einer Höhe von 2 Metern über dem Boden und mit dem optimalen Winkel ab.

Weitsprung: Der Athlet läuft mit 10 Metern pro Sekunde auf das Absprungbrett zu und gewinnt mit dem letzten Tritt eine Zusatzgeschwindigkeit von 4,076 Metern pro Sekunde unter dem optimalen Winkel.

Speerwurf (ohne Bild): Aus dem Lauf mit 10 Metern pro Sekunde wirft der Athlet den Speer aus einer Höhe von 2 Metern im optimalen Winkel mit der Zusatzgeschwindigkeit von 20,046 Metern pro Sekunde.

Planet	Schwerebeschleunigung in Metern pro Sekundenquadrat	Hochsprung Höhe in Metern		Kugelstoßen		Weitsprung		Speerwurf	
		Herren	Damen	Weite in Metern	optimaler Winkel in Grad	Weite in Metern	optimaler Winkel in Grad	Weite in Metern	optimaler Winkel in Grad
Merkur	3,70	4,66	3,73	56,46	43,99	23,60	71,17	193,66	53,16
Venus	8,85	2,53	2,14	24,70	42,69	9,87	71,17	82,50	52,56
Erde	9,81	2,38	2,03	22,47	42,46	8,90	71,17	74,68	52,45
Mond	1,62	9,36	7,24	126,45	44,50	53,89	71,17	438,86	53,41
Mars	3,72	4,61	3,72	56,17	43,89	23,47	71,17	192,63	53,16
Jupiter	26,39	1,51	1,38	9,43	39,01	3,31	71,17	29,34	50,67
Saturn	11,67	2,16	1,87	19,17	42,02	7,48	71,17	63,19	52,24
Uranus	11,48	2,18	1,88	19,46	42,07	7,61	71,17	64,19	52,26
Neptun	11,97	2,13	1,84	18,74	41,95	7,29	71,17	61,67	52,20
Pluto	1,96	7,91	6,15	104,86	44,45	44,54	71,17	363,19	53,37

Bild 1: Olympische Disziplinen auf den Mitgliedsplaneten der Interplanetarischen Sportvereinigung im Jahre 2092. In die Berechnungen gehen zahlreiche vereinfachende Annahmen ein; insbesondere wurde generell der Luftwiderstand vernachlässigt.

„Sicher", erklärte Venus und wühlte in seinen Unterlagen. „Mal sehen . . .
Auf der Erde stand 1988, kurz vor der 25. Olympiade, der Rekord im
Hochsprung der Männer bei 2,38 Metern. Er wurde von Gennadi Awdejenko
aus der Sowjetunion aufgestellt."

„Was ist die Sowjetunion?" fragte der Delegierte vom Jupiter unschuldig.
Venus nahm ihn diskret beiseite, um seine peinlichen Lücken in irdischer
Geschichte nicht allzu offensichtlich werden zu lassen.

Mit einem Seitenblick auf Luna fuhr er fort: „Und der Hochsprungrekord
der Frauen stand bei 2,03 Metern, aufgestellt von Louise Ritter aus den USA.
Mit der Formel kann man die vertikale Absprunggeschwindigkeit ausrechnen:
Sie beträgt 5,203 Meter pro Sekunde für Gennadi Awdejenko und 4,495 Meter
pro Sekunde für Louise Ritter. Derselbe Absprung auf dem Mond hätte sie . . .
hmm, 9,36 beziehungsweise 7,24 Meter hoch getragen, auf dem Jupiter
dagegen nur 1,51 und 1,38 Meter." (Bild 1 enthält eine vollständige Liste.)

Werfen

„Nächster Punkt: Kugelstoßen", sagte Venus an. „Es ist bekannt, daß die
Stoßweite bei einem Abwurfwinkel von 45 Grad maximal wird. Deshalb sollte
die Analyse einfach sein."

„Wäre sie schon – aber es stimmt nicht", sagte Luna.

„Bitte keine dummen Scherze, Luna."

„Die 45-Grad-Regel stimmt nur für den Abwurf in Bodenhöhe."

„Oh."

„Und Kugeln werden aus Schulterhöhe abgeworfen – oder vielleicht noch
höher."

„Sollten wir nicht auch eine Korrektur für den Kugeldurchmesser vorse-
hen?"

„Na ja – die Kugel sinkt in den Boden, wenn sie auftrifft, und unsere
übrigen Fehler sind vermutlich ohnehin größer als dieser. Nein, wir gehen von
einer Punktmasse aus."

„Hmm", sagte Venus. „Unterstellen wir mal eine Abwurfhöhe von 2 Metern
über dem Boden. Angenommen, die Kugel wird unter einem Winkel α gegen
die Horizontale abgeworfen, und zwar aus der Höhe h mit der Geschwindigkeit u. Wir betrachten die horizontale und die vertikale Bewegung separat und
beachten, daß die Gravitation vertikal wirkt. Wenn wir den Luftwiderstand
vernachlässigen, dann behält die Kugel in horizontaler Richtung die anfängliche Geschwindigkeit bei. Zur Vertikalkomponente kommt der Term $-gt^2/2$
hinzu; dabei ist t die Zeit und g die Schwerebeschleunigung . . ."

Es entstand eine längere Pause, während Venus an seinem Handgelenk-
Computer mit dem Programm für symbolische Algebra herumspielte. „Hm . . .

Ich habe ausgerechnet, daß die maximale Wurfweite $u\sqrt{u^2 + 2gh}/g$ beträgt; damit sie erreicht wird, muß der Winkel α die Gleichung $\sin\alpha = u/\sqrt{2(u^2 + gh)}$ erfüllen – alles ohne Berücksichtigung des Luftwiderstands; außerdem hatten wir uns ja auf $h = 2$ Meter geeinigt. Nun, der olympische Rekord 1988 stand bei 22,47 Metern, aufgestellt von Ulf Timmermann aus der DDR ...“

„Was ist die ...?“ wollte Jupiter fragen, aber die strafenden Blicke seiner Tischnachbarn ließen ihn verstummen. Irgendwie war ihm die deutsche Kleinstaaterei schon im Erdgeschichtsunterricht zuwider gewesen.

„Der Rekord bei den Frauen“, fuhr Venus fort, „lag bei 22,41 Metern, aufgestellt 1980 von Ilona Slupianek aus der DDR. Ich werde nur die Rechnungen für die Herren ausführen, Luna, und überlasse Ihnen die Damen. Wenn Timmermann den optimalen Abwurfwinkel eingehalten hat, muß er die Kugel mit einer Anfangsgeschwindigkeit von $u = 14,2$ Metern pro Sekunde abgeworfen haben. Der optimale Winkel bei dieser Geschwindigkeit ist 42,46 Grad, also etwas flacher als das Optimum bei naiver Betrachtung. Das ist so zu erklären: Die parabelförmige Bahn der Kugel ist symmetrisch zum Scheitelpunkt. Das heißt, sie hat beim Fallen in Schulterhöhe denselben Winkel gegen die Horizontale wie beim Abwurf – nur diesmal abwärts gerichtet. Die letzten zwei Meter Höhenunterschied fällt sie daher auf einer flacheren Bahn und kommt entsprechend weiter. Das muß allerdings gegen die kürzere Flugstrecke davor verrechnet werden.“

„Und auf dem Jupiter?“, fragte der Delegierte des Riesenplaneten.

„Wenn wir denselben Wert für u zugrunde legen, ergeben sich ein optimaler Winkel von 39,01 Grad und eine Stoßweite von 9,43 Metern. Auf dem Mond dagegen hätte Timmermann bei 44,5 Grad Abwurfwinkel stolze 126,45 Meter erzielt.“

„Und was ist mit der Korrektur für den Planetendurchmesser?“ fragte Luna mit ungebrochener Sturheit.

Die anderen blickten sie indigniert an. „So klein ist der Mond nun auch wieder nicht, daß man seine Oberflächenkrümmung bei der Wegeberechnung in Betracht ziehen müßte“, erwiderte Venus verächtlich. „Im Gegensatz zum Fußball verschwindet beim Kugelstoßen das Objekt der Anstrengung noch nicht unter dem Horizont.“

„Na ja“, kicherte Luna, „man kann es ja mal probieren. Die alten Hohlköpfe vom Organisationskomitee wären beinahe darauf hereingefallen.“

„Beim Speerwurf gibt es eine zusätzliche Schwierigkeit“, sagte Jupiter. „Der Sportler bewegt sich schnell vorwärts, wenn er den Speer losläßt, und das bringt zusätzliche Geschwindigkeit mit sich.“

„Und der Abwurfpunkt liegt weit über dem Boden“, ergänzte Venus.

Weitsprung und Speerwurf

„Ich schlage vor, wir befassen uns zuerst mit dem Weitsprung", sagte Jupiter. „Wir nennen das allerdings den Horizontalsprung, denn auf dem Jupiter geht er nicht besonders weit. Hier bewegt sich der Sportler beim Absprung auch in der Horizontalen, aber die Vertikalkomponente der Geschwindigkeit spielt keine Rolle."

„Sie vergessen, daß der Schwerpunkt der Springerin nicht auf Bodenhöhe ist", wandte Luna ein.

„Nein, ich mache die zusätzliche Annahme, daß der Schwerpunkt wieder die Anfangshöhe erreicht hat, wenn die Füße den Sand berühren."

„Aber sie strecken ihre Beine nach vorn und gleiten quasi auf der Parabel nach unten", sagte Luna.

„Aber Luna, es ist doch nur eine Approximation!"

„Jupiter hat recht. Wir können uns über die Rechtfertigung dieser Annahme später Gedanken machen", sagte Venus. „Angenommen, der Athlet bewegt sich im Moment des Absprungs mit der Geschwindigkeit v nach vorne. Er – ja, Luna, oder sie – gibt sich selbst mit dem letzten Tritt einen zusätzlichen Kraftstoß, der ihm oder ihr eine zusätzliche Geschwindigkeit u im Winkel α gegen die Horizontale nach oben verschafft. Dann berechne ich, daß für den optimalen Winkel α die Gleichung... oh, welchen Knopf muß man auf dem Algebra-Computerchen jetzt drücken... $\cos\alpha = (-v + \sqrt{v^2 + 8u^2})/(4u)$ gilt, und das ist merkwürdigerweise unabhängig von der Gravitation. Die zugehörige Sprungweite ist $2u\sin\alpha(v + u\cos\alpha)/g$, und die hängt von der Gravitation ab."

Bob Beamon aus den USA sprang bei den olympischen Spielen 1968 in Mexiko 8,90 Meter weit, was 1988 noch gültiger olympischer Rekord war. Der Rekord bei den Frauen stand bei 7,40 Meter, aufgestellt 1988 von Jackie Joyner-Kersee aus den USA. Wenn wir annehmen, daß Beamon sich dem Absprungpunkt mit einer Geschwindigkeit v von 10 Metern pro Sekunde näherte und im optimalen Winkel absprang, dann ergibt sich für die Geschwindigkeit u der Wert 4,076 Meter pro Sekunde (Bild 1). Versuchen Sie diejenigen für die Frauen selbst auszurechnen.

„Das kann nicht stimmen. Es sieht nicht so aus, als würden sie mit 71 Grad abspringen", sagte Jupiter.

„Tun sie auch nicht."

„Haben Sie doch gerade gesagt..."

„Die 71 Grad sind relativ zum Athleten. Der aber bewegt sich mit 10 Meter pro Sekunde nach vorn. Beamons Absprungwinkel aus der Perspektive des ruhenden Zuschauers dürfte 18,83 Grad betragen haben (Bild 2). Weitspringer springen ziemlich flach, weil sie die meiste Anstrengung in die Vorwärtsbewegung stecken."

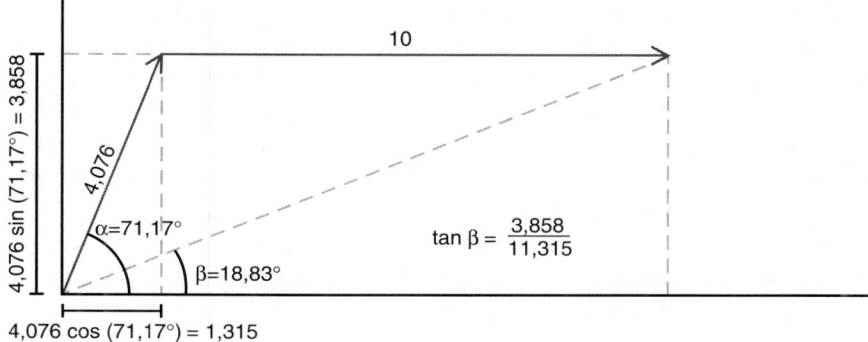

Bild 2: Geschwindigkeitsvektor des Weitspringers im Moment des Absprungs aus dessen bewegtem Bezugssystem (linker Pfeil) und dem des Zuschauers (gestrichelt).

„Jetzt zum Speerwurf", sagte Venus. „Nehmen wir an, im Moment des Abwurfs läuft der Athlet mit einer horizontalen Geschwindigkeit v; er wirft den Speer mit einer zusätzlichen Geschwindigkeit u, mit dem Winkel α gegen die Horizontale und aus einer Höhe h. Den Luftwiderstand und die Aerodynamik des Speeres vernachlässigen wir. Dann ist der optimale Winkel... igitt, das ist kompliziert... nichts hebt sich weg... ah! Alles durch Cosinus von α ausdrücken... Hm, das läuft auf eine kubische Gleichung hinaus. Mit $y = \cos\alpha$ muß gelten:

$$2uvy^3 + (v^2 + 2u^2 + 2gh)\,y^2 - (u^2 + 2gh) = 0.$$

Diese Gleichung kann man mit einem numerischen Näherungsverfahren lösen und dann den Winkel α bestimmen. Dann findet man, daß die Wurfweite des Speeres

$$\frac{(u + v\cos\alpha)(v + u\cos\alpha)}{g\sin\alpha}$$

beträgt."

Olympischer Rekordhalter im Speerwurf war 1988 unter den Männern Jan Zelezny aus der Tschechoslowakei mit 85,90 Metern, unter den Frauen Petra Felke aus der DDR mit 74,68 Metern. Wenn Petra Felke im Moment des Abwurfs mit einer Geschwindigkeit von 10 Metern pro Sekunde lief (zugegeben, das ist ein bißchen optimistisch) und ihn unter dem optimalen Winkel aus einer Höhe von 2 Metern über dem Boden abwarf, dann müßte die Anfangsgeschwindigkeit des Speeres $u = 20,046$ Meter pro Sekunde betragen haben. Sie können die Werte für Zelezny nun sicher selber ausrechnen.

Wie Sie sehen, ist der optimale Winkel, anders als beim Kugelstoßen, nun größer als 45 Grad. Der Grund dafür ist, daß ein steiler Winkel den Speer länger in der Luft hält, so daß die Horizontalgeschwindigkeit ihn länger vorantreiben kann; und die spielt hier eine größere Rolle als beim Kugelstoßen, weil die Eigengeschwindigkeit des Speerwerfers dazu beiträgt. Dieser Effekt muß allerdings gegen die Verminderung des Vorwärtsschubs aufgrund des steileren Abwurfwinkels verrechnet werden. Außerdem ist – wie beim Weitsprung – der vom ruhenden Beobachter aus gesehene Abwurfwinkel nicht α. Unter unseren Annahmen beträgt der Winkel, den die Zuschauer bei Petra Felkes Wurf wirklich gesehen haben, 35,58 Grad.

Letzte Fragen

Anfang 2092 traf sich das Interplanetarische Olympische Komitee erneut, diesmal auf Pluto. Wieder glänzte der Tisch, und wieder war es nicht die Politur, sondern diesmal die Eisschicht.

„... und es ist mir eine Freude, Ihnen mitteilen zu können, daß wir uns auch über die Größe der Werbeflächen auf den Kleidungsstücken der Sportler haben einigen können. Sie finden sie in dem 700seitigen Handbuch unter Nummer 24335.001b/77J*", sagte der Präsident. „Weiterhin habe ich in meiner Eigenschaft als Vorsitzender den gemeinsamen Vorschlag von Luna, Venus und Jupiter über die Standardisierung olympischer Wettkämpfe angenommen." Alle waren sehr erleichtert und applaudierten von Herzen. „Um den Bericht in die Tat umzusetzen, schlage ich vor, alle Ergebnisse auf die Werte zu normieren, den sie unter den Bedingungen der Erdgravitation hätten ... Äh, ja bitte, Luna?"

„Ich muß gegen den himmelschreienden Terrestrialismus, der diesem Vorschlag zugrunde liegt, protestieren, Herr Präsident."

„Haben Sie einen anderen Vorschlag? Schließlich liegt der Ursprung der olympischen Spiele auf der Erde."

„Ja, ich schlage vor, wir tabellieren alle Ergebnisse in zehn Spalten, jeweils normiert auf die zehn lokalen Schwerebeschleunigungen. Damit werden künftige Vergleiche für alle Mitgliedsplaneten erleichtert."

Der Präsident hob überrascht den Kopf. Das war wirklich eine sehr brauchbare Idee. Der Vorschlag wurde per Akklamation angenommen, wenngleich der irdische Delegierte etwas betreten dreinsah.

„Dann, meine Damen und Herren, können wir uns nun einem zentralen Punkt zuwenden: dem Speiseplan für das Festbankett ..."

6
Die „Wahnwitz" im Newton-Universum

Wenn die Relativitätstheorie nicht gültig wäre, dann könnte ein Körper, nur durch die Gravitation beschleunigt, in endlicher Zeit bis ins Unendliche fliegen.

Logbuch, Sterndatum 2529,2: „Es ist die Fünfjahresmission des Raumschiffes ‚Wahnwitz', ziellos im Universum umherzukreuzen, fremde Zivilisationen aufzuscheuchen und kühn überall dorthin zu fliegen, wohin uns das Sternflottenkommando befiehlt. Aber meist treffen wir nur auf frei im Weltraum schwebende Zombies, die glauben, sie könnten ein Raumschiff pulverisieren. Erst gestern hat uns eine kosmische Raupe in einen gigantischen Kokon eingewickelt. Kein Problem für unseren Materie-Antimaterie-Webstuhl und unsere Meisterspinner; wir haben so viel Seide aus dem Kokon abgespult, daß es für die ganze Mannschaft reicht. Soeben haben wir Kurs auf . . ."

Alarm, Alarm, Sirengeheul.

Captain Jonah T. Kink wäre vor Schreck fast aus seinem Kommandantensessel gefallen.

„Was ist das, Mr. Pock?"

Pock, der erste Offizier, sprang an seine Konsole. „Captain, es scheint, wir sind auf eine merkwürdig glühende Raumregion gestoßen", sagte er, hob eine Augenbraue und wackelte mit seinen spitzen Ohren. „Ich bin zu 99,357 Prozent sicher, daß wir in einen idealen Newton-Raum eingedrungen sind."

„Einen was?"

Pock war auf dem Planeten Vulgaria geboren und aufgewachsen. Da seine Mutter eine Vulgarierin war, während sein Vater vom Mars stammte, konnte man Pock halbvulgär nennen. Seine überragenden logisch-analytischen Fähigkeiten waren dadurch nicht beeinträchtigt.

„Captain, im Moment des Alarms näherten wir uns einem Planeten, der von außerordentlich intelligenten Fremden bewohnt wird. Die Technologie dieser Weeler ist so fortgeschritten, daß sie ganze Universen mit völlig anderen Gesetzen erschaffen können. Anscheinend haben sie uns in einem Universum eingefangen, das von den Gesetzen der Newtonschen Physik beherrscht wird.

Die ‚Wahnwitz‘ bewegt sich nun in einem unendlichen, dreidimensionalen Universum, in dem sowohl Zeit als auch Raum absolut sind."

„Sie meinen, die Relativitätstheorie gilt nicht? Albert Einstein würde sich im Grabe herumdrehen!"

„Das entspricht der Logik, Captain. Aber es kommt noch schlimmer. In einem idealen Newtonschen Raum kann die gesamte Masse eines Körpers in einem Punkt konzentriert sein, und – entschuldigen Sie, Captain. Die Sensoren melden ein Geschoß, das in unsere Richtung fliegt."

„Holen Sie es auf den Schirm, Mr. Pock. Ausweichmanöver, Mr. Flakeoff."

Das Projektil näherte sich immer schneller.

Wiiijuusch!

Kink und seine Mannschaft wurden durchgeschüttelt wie Pendler in der Berliner S-Bahn. Kink fand als erster seine Sprache wieder. „Mr. Dott, haben Sie die Bahn des Geschosses bestimmt?"

Chefingenieur Dott fummelte nervös an einigen Knöpfen herum.

„Stimmt etwas nicht?"

„Das Geschoß hatte Kurs 12 Grad 53 Minuten 30 Sekunden, aber dann verließ es plötzlich das Universum."

„Sie meinen, es ist verschwunden?"

„Eigentlich nicht, Sir. Es hat Unendlich erreicht, und zwar …" er vergewisserte sich mit einem kurzen Blick auf die Konsole „… genau 17,23 Sekunden, nachdem wir es entdeckt hatten."

„Faszinierend", sagte Pock. „Ein Phänomen, das Menschen und Vulgariern völlig unbekannt ist."

„Das Geschoß bestand aus einigen Punktmassen", fügte Dott hinzu. „Newtonsche Punktmassen, schätze ich. Sehr kleine Teilchen, Sir. Newtronen oder Newtrinos, aber das ist schwer zu unterscheiden."

„Irgendwelche Hinweise auf außergewöhnliche Kräfte?"

„Nein, Sir. Nur das universell gültige Gravitationsgesetz. Die Kraft zwischen zwei Körpern ist umgekehrt proportional zum Quadrat ihres Abstands."

Pock bearbeitete die Tastatur seines Computers. „Captain, das Geschoß flog in einer endlichen Zeit bis ins Unendliche, ohne irgendeinen äußeren Antrieb, bis auf das ideale Newton-Feld."

„Aber – das ist unmöglich!" protestierte Kink. „Ein System gravitierender Punktmassen kann nicht einfach ins Unendliche verschwinden. Das würde den Satz von der Erhaltung der Energie verletzen."

Was heißt Unendlich?

„Das ist fraglich, Captain", erklärte Pock. „Jede Zunahme an kinetischer Energie könnte durch einen entsprechenden Verlust an potentieller Energie aufgewogen werden. Die Massen könnten sich immer schneller bewegen, vorausgesetzt, sie fliegen durch ein immer schwächer werdendes Gravitationsfeld. So eine Situation kann entstehen, wenn die Massen sich immer weiter voneinander entfernen. Mr. Dott, sind alle Massen in derselben Richtung ins Unendliche verschwunden?"

„Nein, Mr. Pock, sie sind im wesentlichen nach allen Richtungen auseinandergeflogen."

Kink beharrte: „Trotzdem können die Massen nicht im Unendlichen verschwinden. Das würde jeder Logik widersprechen."

Pocks Ohren stellten sich auf, als er eines seiner Lieblingswörter vernahm. „Logisch, Captain, im strengen Sinne des Wortes haben Sie recht. Aber es ist üblich zu sagen, daß ein Teilchen sich bis ins Unendliche bewegt, wenn es jede Grenze überschreitet, das heißt, wenn es jede beliebig große Kugel um einen festen Mittelpunkt nach einer gewissen Zeit verläßt."

Kink blickte seinen ersten Offizier verständnislos an.

„Captain", fuhr Pock fort, „denken Sie sich ein einzelnes Teilchen, das mit konstanter Geschwindigkeit auf gerader Bahn fliegt. Einerlei wie groß Sie eine gedachte Kugel im Raum wählen, nach hinreichend langer Zeit wird es aus ihrem Inneren entkommen sein. Also fällt es am Ende des Universums hinunter – abgesehen davon, daß ein unendliches Universum kein Ende hat."

„Ich wollte natürlich sagen", grummelte Kink, „daß die Massen nicht in endlicher Zeit ins Unendliche entkommen können."

Pock wackelte mit den Ohren und dachte angestrengt nach.

„Vielleicht haben Sie recht, Captain. Aber mir fällt da ein gewisser Mechanismus ein."

„Erleuchten Sie uns freundlicherweise auch, Mr. Pock", knurrte Dott.

„Wenn ein Teilchen genügend stark beschleunigt wird, kann es eine unendliche Strecke in endlicher Zeit zurücklegen. Stellen Sie sich vor, in der ersten Sekunde fliegt das Teilchen mit einer Geschwindigkeit von einem Meter pro Sekunde. In dieser ersten Sekunde legt es also einen Meter zurück. Nun beschleunigen Sie es, so daß es in der nächsten halben Sekunde mit zwei Metern pro Sekunde fliegt. In dieser kürzeren Zeit schafft es also wieder einen Meter. Fahren Sie dann so fort: Halbieren Sie das Zeitintervall und verdoppeln Sie die Geschwindigkeit. Das sieht dann so aus." Mit seinem Sternflotten-Stift zeichnete Pock eine Tabelle (Bild 1).

„Nach zwei Sekunden hat das Teilchen eine unendliche Strecke durchflogen – vorausgesetzt, die Geschwindigkeit wächst mindestens so schnell an, wie sich die Zeitintervalle verkürzen. In unserem Fall erreicht das Teilchen das

Zeitintervall in Sekunden	Gesamtzeit in Sekunden	Geschwindigkeit in Metern pro Sekunde	Weg in Metern	Gesamtweg in Metern
1	1	1	1	1
1/2	1,5	2	1	2
1/4	1,75	4	1	3
1/8	1,875	8	1	4
1/16	1,9375	16	1	5
1/32	1,96875	32	1	6

Bild 1: Wenn die Geschwindigkeit eines Körpers in exponentiell fallenden Zeitintervallen exponentiell ansteigt, kann er in endlicher Zeit ins Unendliche entkommen.

Unendliche, weil seine Geschwindigkeit in geometrischer Folge anwächst über Zeitintervallen, deren Länge geometrisch fällt. Ich nenne das Pocks Prinzip vom geometrischen Wachstum. Die Zeit, die bis zum Erreichen des Unendlichen vergeht, hängt von den Wachstumsraten ab, aber sie ist stets endlich."

„Aber Mr. Pock", säuselte Dott, „dann müßte der kleine Teufel ja schneller fliegen können als das Licht."

„Richtig", erwiderte Pock, „aber ich muß wohl nicht daran erinnern, daß das in einem idealen Newtonschen Raum kein Problem ist."

Kink trommelte mit den Fingern auf seine Stuhllehne. „Dotty, können wir das Schiff gegen Newtonsche Punktmassen verteidigen?"

„Newtronenbomben würden helfen. Aber unsere Vorräte davon sind sehr begrenzt."

„Wieviele von diesen punktartigen Monstern sind an uns vorbeigeflogen?" wollte Kink wissen.

„Das ist schwierig zu sagen, Sir. Es können nicht sehr viele gewesen sein. Es ging so schnell, daß die Instrumente nicht genau mitzählen konnten."

„Es kann nicht nur ein Teilchen gewesen sein", dozierte der Vulgarier. „Unter dem Newtonschen Gravitationsgesetz bewegt sich ein einzelner Körper – wenn er nicht von anderen Kräften beeinflußt wird – mit konstanter Geschwindigkeit auf einer Geraden."

„Dann waren es vielleicht zwei", schlug Kink vor.

„Nein, Captain", sagte Pock. „Bei zwei Teilchen wären die Bahnen entweder Ellipsen, Hyperbeln oder Parabeln. Planeten durchlaufen elliptische Bahnen, Kometen aus dem tiefen Weltraum bewegen sich auf parabolischen oder hyperbolischen Bahnen. Planeten auf elliptischen Bahnen bleiben stets an ihre Sonnen gebunden. Kometen können das Unendliche erreichen, aber sie brauchen unendlich lange, um dorthin zu gelangen. Je weiter sie sich entfernen, desto langsamer werden sie."

„Wieviele von diesen verdammten Körpern waren es dann also?" Der Captain verlor die Geduld. „Drei? Vier? Mehr?"

„Captain, wir können sicher sein, daß die Weeler die kleinstmögliche Anzahl von Massen verwendet haben", stellte Pock fest. „Ihre extreme Effizienz ist sprichwörtlich. Ich werde den Bordcomputer nach zusätzlichen Informationen durchsuchen." Pock drehte an weiteren Knöpfen. „Interessant. Es scheint, daß das Problem zuerst im Sternjahr 1895 gestellt wurde, und zwar von dem Mathematiker Paul Painlevé, der dann ein Pionier der Luftfahrt und zweimal französischer Premierminister wurde. Er schrieb damals . . ."

„Sie brauchen es uns nicht vorzulesen, Pock. Stellen Sie den interpretierenden Sprachsynthesizer an."

Hypersingularitäten

Der Computer sprach mit erotischer Frauenstimme: „Painlevé untersuchte Singularitäten: Situationen, in denen die Newtonschen Gesetze ihre Gültigkeit verlieren. Man sagt, daß ein System zu einem bestimmten Zeitpunkt eine Singularität hat, wenn sich die Lösungen seiner Bewegungsgleichungen nicht über diesen Zeitpunkt hinaus fortsetzen lassen. Für ein System von Punktmassen unter Gravitation ist die einfachste Singularität der Zusammenstoß zweier Massen in einem Punkt. Auch wenn eine Masse in endlicher Zeit das Unendliche erreicht, existiert keine Lösung der Bewegungsgleichungen über diesen Zeitpunkt hinaus. Solche Situationen nennt man Hypersingularitäten."

Pock unterbrach die Maschine: „Wie ich bereits erklärt habe, können ein oder zwei Körper keine Hypersingularitäten erzeugen."

„O wie genial, Mr. Pock", flötete der Computer, „ich würde Sie küssen, wenn ich könnte." Der Vulgarier errötete.

„Computer!" bellte Kink. „Flirte nicht mit anderen Männern und mach weiter."

„Painlevé bewies, daß auch mit drei Körpern noch keine Hypersingularität möglich ist, aber er konnte seine Ergebnisse nicht auf vier oder mehr Körper verallgemeinern. Er unterschied zwei Arten von Hypersingularitäten. Im ersten Fall fliegt ein Körper entlang einer einfachen Bahn ins Unendliche; im anderen Fall schwingt er immer wilder hin und her, je näher die Zeit einem bestimmten Moment kommt. Im 20. Jahrhundert bewiesen Hugo von Zeipel von der Universität Uppsala, Richard McGehee von der Universität von Minnesota in Minneapolis, Donald G. Saari von der Northwestern University in Evanston (Illinois) und Hans Sperling, damals bei den Boeing-Werken in Huntsville (Alabama), daß jedes System, das die eine Art von Hypersingularitäten produziert, auch die andere hervorbringen muß. Einige Körper müssen also nach Unendlich fliegen und wild oszillieren."

„Erzähl mir mehr über diese Zappelkörper", verlangte Kink.

„Saari zeigte, daß vier Körper eine Hypersingularität hervorbringen können. Aber wenn Geschwindigkeit, Ort und Masse dieser Körper zufällig gewählt werden, dann ist die Wahrscheinlichkeit für eine Hypersingularität nahe null. John N. Mather von der Universität Princeton (New Jersey) und McGehee entdeckten eine Hypersingularität bei einem System aus vier Körpern auf einer Geraden – aber nur wenn man annimmt, daß die Körper beim Zusammenstoß elastisch voneinander abprallen wie Billardkugeln, und das unendlich oft. Im Sternjahr 1984 beschrieb dann Joseph L. Gerver von der Rutgers-Universität in New Brunswick (New Jersey) eine Situation, in der fünf Körper ins Unendliche fliegen können."

Der Bildschirm des Computers zeigte drei Sterne; einer von ihnen war größer als die beiden anderen. Sie waren in der Form eines stumpfwinkligen Dreiecks angeordnet, wobei der stumpfe Winkel dem größten Stern anlag. „Bedenken Sie, daß die Masse dieser Körper in einem Punkt konzentriert ist. Die Größe auf dem Bildschirm repräsentiert lediglich ihre Masse."

Ein Asteroid bewegte sich auf einer Bahn außen um die drei Sterne herum, kam ihnen aber sehr nahe. Jedesmal, wenn er den massereichsten Stern passierte, gewann er durch den sogenannten Schleudereffekt an Geschwindigkeit (Bild 2a und b; derselbe Effekt wird auch zur Beschleunigung interplanetarer Raumsonden genutzt). Die zugehörige kinetische Energie entnahm er dem Gravitationsfeld des Sterns, dessen Energie im gleichen Maße abnahm. Bei den folgenden Begegnungen mit den beiden anderen Sternen übertrug der Asteroid Energie auf diese Sterne durch einen Schleudereffekt in umgekehrter Richtung. Im Ergebnis nahmen die Geschwindigkeiten des Asteroiden und der beiden kleineren Sterne zu.

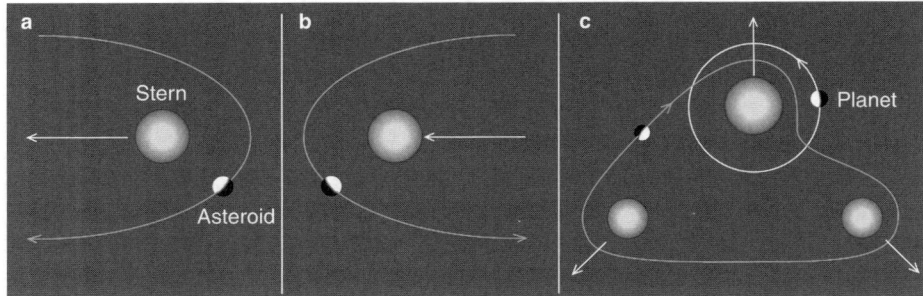

Bild 2: Der Schleudereffekt beschleunigt einen Asteroiden, wenn dieser sich einem massereicheren Stern so nähert, daß seine Bewegung der des Sterns entgegengerichtet ist (*a*). Bei einer Begegnung mit gleicher Bewegungsrichtung wird der Asteroid gebremst und der Stern beschleunigt (*b*). Der Schleudereffekt beschleunigt die Himmelskörper in Bild *c* in verschiedene Richtungen. Das System kann in endlicher Zeit ins Unendliche auseinanderfliegen – wenn man relativistische Effekte vernachlässigt.

„Bei diesem System hindert das Gesetz von der Energieerhaltung den schwersten Stern daran, ebenfalls schneller zu werden. Folglich entkommt keines der Objekte in endlicher Zeit ins Unendliche. Aber Gerver fand einen Ausweg."

Der Computer zeigte nun einen fünften Körper, einen Planeten, der um den massivsten Stern umlief (Bild 2c). Immer wenn der Asteroid an Planet und Stern vorbeischlingerte, verlor der Planet Energie, und zwar zugunsten des massiven Sterns. Bei jedem Umlauf des Asteroiden wurden sämtliche Sterne und der Asteroid schneller, während der Planet immer enger um seine Sonne kreiste. Unter Erhaltung der Gesamtenergie begann das Dreieck geometrisch schnell zu wachsen. Nach endlicher Zeit waren alle drei Sterne ins Unendliche entkommen und hatten den Asteroiden und den Planeten mitgenommen!

Der Computer fuhr fort: „Gerver bemerkte, daß dieses Szenario zwar plausibel ist; es gelang ihm aber nicht, einen strengen Beweis zu führen, weil die erforderlichen Rechnungen widerlich kompliziert wurden. Im Sternjahr 1989 konnte er jedoch mit Hilfe einer Idee von Scott Brown von der Indiana University in Bloomington zeigen, daß n Körper ins Unendliche entkommen können, wenn n nur groß genug ist. Das verwendete Szenario ist symmetrischer und besteht aus einer beliebigen Anzahl von Sternpaaren, die alle gleiche Masse haben."

Ein symmetrisches n-Körper-Problem

Der Computer zeigte nun acht Sternenpaare, deren jedes um seinen gemeinsamen Schwerpunkt rotierte (Bild 3). Die Schwerpunkte lagen in den Eckpunkten eines regulären Achtecks. Eine gleiche Zahl von Planeten bewegte sich ungefähr entlang den Seiten des Achtecks. Die Planeten hatten alle die gleiche, aber eine viel geringere Masse als die Sterne. Jedesmal, wenn ein Planet sich einem der Doppelsterne näherte, gewann er Energie durch den Schleudereffekt. Das Doppelsternsystem kompensierte das durch einen entsprechenden Verlust an potentieller Energie und bewegte sich auf einer engeren Kreisbahn. Gleichzeitig übertrug der Planet einen Impuls auf den Doppelstern und veranlaßte ihn so dazu, sich nach außen zu bewegen, weg vom Zentrum des Achtecks. Aus Symmetriegründen erging es allen anderen Doppelsternen zur gleichen Zeit ebenso.

Der Computer zeigte nun die Himmelskörper in Bewegung. Das Achteck wuchs, die Planeten bewegten sich schneller, und die Sterne jedes Paars kreisten enger umeinander.

Pock hüpfte vor Begeisterung in seinem Sessel auf und ab. Erst als er Kinks versteinertes Gesicht erblickte, riß er sich mühsam zusammen.

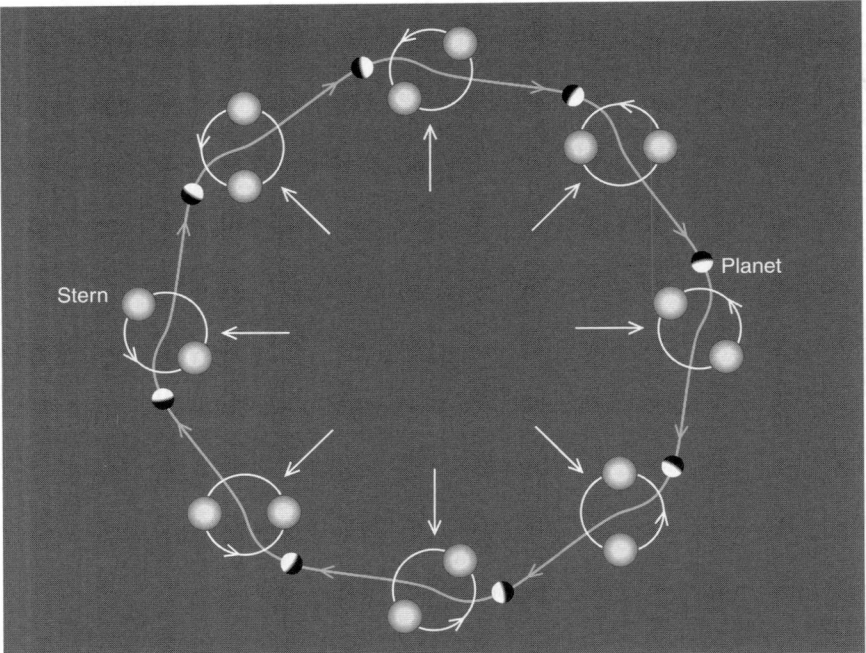

Bild 3: Ein geeignet angeordnetes System aus vielen Sternen und Planeten kann in endlicher Zeit ins Unendliche entkommen. Der Anordnung liegt ein regelmäßiges Vieleck, hier ein Achteck, zugrunde. Um jede Ecke des Vielecks kreisen die zwei Partner eines Doppelsternsystems. Es gibt so viele Planeten wie Ecken; sie fliegen von Doppelstern zu Doppelstern und bilden zu jedem Zeitpunkt ein regelmäßiges Achteck.

„Captain, das ganze System scheint ins Unendliche zu entkommen, und zwar nach unendlich vielen Schleuderbegegnungen, die innerhalb endlicher Zeit immer schneller aufeinanderfolgen", sagte er mit unbewegter Miene. „Eine Computersimulation ist allerdings kein logischer Beweis. Man muß zeigen, daß aus geeigneten Anfangsbedingungen tatsächlich die richtige Folge der Ereignisse hervorgeht." Er dachte einen Moment nach. „Die Symmetrie sollte in dem Beweis eine Rolle spielen. Sie reduziert das Problem von $3n$ auf nur 3 Körper. Sobald man die Positionen und Geschwindigkeiten eines Doppelsterns und eines Planeten kennt, liegen diejenigen der anderen aus Symmetriegründen fest. Das Problem reduziert sich mithin auf eines mit drei Körpern – jeder vertritt ein reguläres Polygon aus Punktmassen –, die sich unter dem Einfluß einer sehr komplizierten Kraft bewegen." Dann stockte er kurz und räumte ein: „Für mich sieht das Problem immer noch ziemlich unlösbar aus."

„Für genügend große n läßt sich ein Beweis finden, der den haarspaltendsten Logiker zufriedenstellt", bemerkte der Computer, „denn in diesem Fall vereinfachen sich die Kräfte."

„Ich will doch nur wissen, wie groß n sein muß!" wandte Kink ein.

„Gerver hat die genaue Zahl nicht bestimmt", antwortete Pock.

„Verdammt!" schrie der Kapitän des Sternflottenkreuzers. „Kann mir hier keiner eine einfache Antwort geben?"

„Im Sternjahr 1988 bewies Zhihong Xia, damals an der Northwestern University, daß man fünf Körper in endlicher Zeit ins Unendliche schicken kann. Sein Szenario ist anders als Gervers, aber auch er verwendet Symmetrie."

„Na endlich", seufzte Kink erleichtert. „Fünf Punktmassen genügen also."

„Und vier genügen fast sicher nicht", sagte Pock. „Und weil die Weeler stets die optimalen Mittel für ihre Ziele anwenden, muß das Geschoß aus genau fünf Körpern bestanden haben."

„Gut. Wir haben mit Sicherheit fünf Newtronenbomben an Bord. Jetzt muß ich nur noch herausfinden, was die Weeler mit uns vorhaben. Warum haben sie uns in einem idealen Newtonschen Raum eingefangen?"

„Captain!" Chefingenieur Dott blickte besorgt über seine Schulter, während seine Finger über die Tastatur huschten. „Die ‚Wahnwitz' wird vom Gravitationsfeld eines komplexen Systems naher Sterne angezogen. Unsere Geschwindigkeit beträgt Warp 1 und steigt. Captain, sie steigt geometrisch über geometrisch abnehmende Zeiten. Warp 2!… Warp 4!… Warp 8!… Warp 16!"

Kink wandte sich an seinen Rudergänger. „Mr. Flakeoff, feuern Sie die Newtronenbomben, ehe wir alle im Unendli . . ."

Literaturhinweise

A Possible Model for a Singularity without Collisions in the Five Body Problem. Von Joseph L. Gerver in: Journal of Differential Equations, Band 52, Heft 1, Seiten 76 bis 90, 30. März 1984.

Die Mathematik der Natur. Von Ian Stewart in: Mathematik. Probleme – Themen – Fragen. Birkhäuser, Basel 1990.

The Existence of Pseudocollisions in the Plane. Von Joseph L. Gerver. Rutgers University, 1990.

7
Die Kußzahl

Der Kampf um Senderechte ist äußerst hart. Der Präsident einer Fernsehgesellschaft könnte sogar genötigt sein, sich mit Kußzahlen zu beschäftigen – aus technischen Gründen.

Marvin Q. Mogul, der Präsident der martianischen Fernsehgesellschaft, stierte aus dem Fenster seines Chefbüros auf den roten Marssand. Es war das größte Fenster in Syrtis City und wegen der aufwendigen Isolation gegen die barbarische Kälte der Marsnächte teurer als der Rest des Gebäudekomplexes; aber Mogul hätte es am liebsten vor Wut mit seinem Sessel zertrümmert. Sein Rivale vom „Cosmic News Network" war ihm soeben mit einer Geschichte über die Entdeckung antiker martianischer Werkzeuge zuvorgekommen, aber diese Katastrophe war nur die Spitze eines Kohlendioxid-Eisbergs.

Alles hatte so einfach ausgesehen, als Mogul seiner Firma gegen erbitterte Konkurrenz das TV-Sendemonopol an die neuen Marskolonien gesichert hatte. Wenn nur diese Effizienz-Klausel nicht gewesen wäre! Seine Rechtsanwälte hatten ihn beruhigt; gefordert war, daß das aufzubauende Sendersystem mit weniger Aufwand auskommen sollte als jedes andere von der Konkurrenz vorgeschlagene. Aber nun hatte das oberste planetarische Gericht entschieden, daß die Exklusivlizenz in dem Moment erlöschen sollte, in dem irgend jemand ein überlegenes System entwickeln würde. Das aber wäre eine Katastrophe.

„Cressida", schnauzte Mogul in die Sprechanlage, „holen Sie sofort Fogsberry und Cosgrove herein." Er wandte sich einem großen Marsglobus auf seinem Schreibtisch zu. Zahlreiche Plastikscheibchen klebten auf der Oberfläche der Kugel, die Mogul nun hin und her versetzte. Resignierend warf er eines quer durchs Zimmer – und traf den hereinkeuchenden Fergus Fogsberry.

„Chef", fragte der sogleich, „ist es der CNN-Bericht über die alten Funde?" Dann fiel sein Blick auf den Globus. Er hob die Augenbrauen und setzte sich. „Neue Anordnung, Chef? Ich dachte, wir hätten das schon vor Monaten geklärt. Acht Sender, einer in jeder Ecke eines gedachten Würfels" (Bild 1 links).

„Das stimmt. Aber nach dem Gerichtsurteil sind unsere Pläne wertlos. Es reicht nicht, eine bessere Abdeckung anzubieten als die Konkurrenz von Phobos Booster Satellites. Es muß die beste aller möglichen sein."

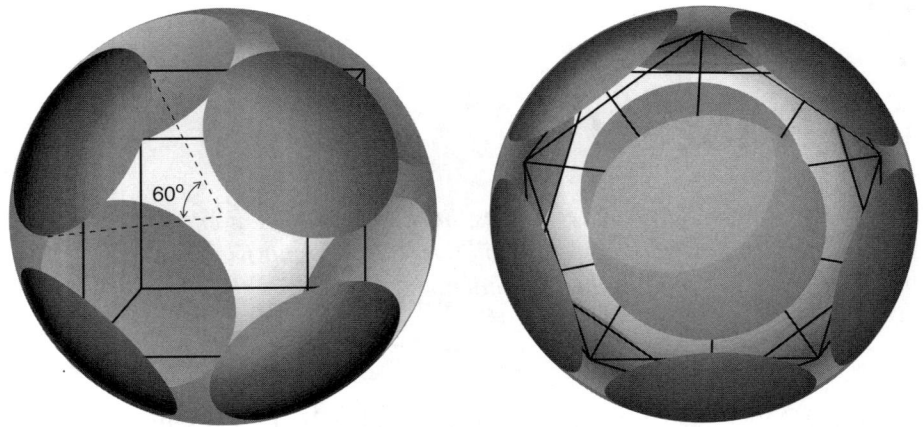

Bild 1: Wieviele Kugelkappen mit 60 Grad Winkeldurchmesser passen auf die Oberfläche einer Kugel? Acht Stück an den Ecken eines gedachten Würfels lassen noch reichlich Platz um sich (links), zwölf passen auf die Ecken eines Ikosaeders (rechts).

Was ist die bestmögliche Abdeckung?

„Dann machen wir es eben. Es kostet vielleicht ein bißchen mehr, aber . . .“

„Darauf kommt es mir nicht an, Fergus. Ich weiß einfach nicht, was die bestmögliche Abdeckung ist!“

In diesem Augenblick platzte Basil Cosgrove erbärmlich japsend herein. Er hatte in der Hektik eine Abkürzung durch die dünne Mars-Atmosphäre genommen, ohne sein extraterrestrisches Atemgerät anzulegen. „Hallo! Habt ihr den CNN-Bericht über die alten Werkzeuge . . .“ Fogsberry brachte ihn mit einer Geste zum Schweigen. Mogul ignorierte die Frage und begann sein Problem aufs neue zu schildern, aber Cosgrove unterbrach ihn bald.

„Was genau meint das oberste Gericht mit ‚bestmöglicher Abdeckung‘?“

„Unsere Anwälte interpretieren das so, daß wir das größtmögliche Gebiet des Mars versorgen müssen.“

„Dann ist es einfach“, meinte Fogsberry. „Viel hilft viel. Installieren wir einfach so viele Sender, daß wir 100 Prozent der Oberfläche erreichen.“

Mogul schlug sich mit der Hand an den Kopf. „Genial! Warum bin ich darauf nicht gekommen?“ Und in die Sprechanlage: „Cressida, holen Sie mir die Konstruktions . . .“

„Tut mir leid, Chef“, murmelte Cosgrove, „das wird nicht gehen.“

„Warum nicht?“

„Wenn sich die Sendegebiete zweier Sender überlappen, kommt es zu Interferenzen. Das Bild wackelt und bekommt Streifen, oder manchmal sieht man dann merkwürdige Schatten und mehrfache Bilder.“

„Ist das ein ernstes Problem?"

„Ich denke schon", entgegnete Cosgrove. „Wenn wir schlechte Bilder bringen, wird die Konkurrenz aus unseren Därmen Schnürsenkel machen."

„Kommando zurück", bellte Mogul über die Sprechanlage.

„Könnten wir zwischen die bestehenden Sendezonen noch welche quetschen?" fragte Fogsberry.

„Kommt darauf an, wieviel Platz wir haben", entgegnete Cosgrove. „Jede Zone hat einen Winkeldurchmesser von 60 Grad, und . . ."

„Was ist ein Winkeldurchmesser?"

„Der Mars ist eine Kugel. Jeder Sender versorgt ein Gebiet, das wir meist als kreisförmig bezeichnen, aber genaugenommen handelt es sich um eine Kugelkappe mit kreisförmigem Rand. Der Winkeldurchmesser ist der Winkel zwischen zwei gegenüberliegenden Punkten des kreisförmigen Randes, vom Mittelpunkt der Kugel aus betrachtet."

„Und das sind 60 Grad?"

„Genau", fuhr Cosgrove fort. „Nun, ursprünglich wollten wir acht Sender in die Eckpunkte eines gedachten Würfels setzen. Dann wäre der Winkelabstand zwischen benachbarten Sendern . . ." Er drückte einige Tasten auf seinem Handgelenks-Computer. „Hmm – ein bißchen mehr als 70 Grad. Gut. Sie überlappen sich also nicht. Es ist sogar eine Lücke von 10 Grad dazwischen . . . Was war doch gleich das Problem?"

„Können wir weitere Sender einfügen?" wiederholte Fogsberry.

„Mal sehen. Die größten Löcher sind da, wo die Mittelpunkte der Seitenflächen des Würfels wären. Der Winkelabstand von einer Würfelecke zur gegenüberliegenden auf derselben Seitenfläche beträgt ungefähr 109 Grad. Jeder Sender bedeckt einen Winkeldurchmesser von 60 Grad, also einen Winkelradius von 30 Grad. Der freie Winkel dazwischen beträgt ungefähr 109 – 30 – 30, das sind 49 Grad." Cosgrove blickte erwartungsvoll auf Fogsberry.

„Und in das Loch wollen wir eine 60-Grad-Sendezone einpassen."

„Richtig, mein scharfsinniger Freund."

„Es ist aber nicht genügend Platz."

„Eben."

Dumpfes Schweigen. „Vielleicht können wir die Zone verkleinern", schlug Cosgrove vor. Cressida wurde beauftragt, Erkundigungen darüber einzuholen, und kam wenige Minuten später zurück: „Chef, ich habe herausgefunden, um wieviel sich die Zonengröße verstellen läßt."

„Wunderbar! Wieviel?"

„Gar nicht "

„Wie? Was? Gar nicht?"

„Die Hersteller verwenden ein neues System", sagte sie entschuldigend. „Auf den Typenschildern steht: ‚Innen befinden sich keine vom Benutzer einstellbaren Teile'."

„Moment mal", fiel Mogul ein. „Wenn keine Sender mehr dazwischen passen, heißt das doch, daß wir die bestmögliche Anordnung gefunden haben."

„Leider nein. Denn das schließt nicht aus, daß es eine ganz andere, bessere Anordnung geben könnte."

Mogul fing wieder an, Scheiben vom Globus zu pulen und irgendwo anders wieder anzuheften. Auf einmal entdeckte er seine Vorliebe für radikale Lösungen. Er riß alle Scheibchen ab und setzte sie von neuem auf, jedes so dicht an die bereits vorhandenen wie möglich.

„Sieht gut aus", kommentierte Cosgrove. „Wieviele sind jetzt drauf, Chef?" Mogul zählte elf Scheiben.

„Das war eine hervorragende Idee", lobte Mogul sich selbst. „Stellen Sie sich vor, was geschehen wäre, wenn wir bei unseren acht Sendern geblieben wären, und irgendein kluges Kerlchen von CNN wäre mit dieser Anordnung hier zum Gericht gegangen."

„Wenn CNN so gut ist wie sein Ruf, Chef, nimmt es nur vom Besten."

„Ja, unser Geld. Kriegt es aber nicht."

„Vielleicht doch. CNN nimmt eine noch bessere Anordnung. Wenn wir unsere elf Sender aufbauen und CNN es fertigbringt, zwölf Sender zu plazieren, sind wir erledigt."

„Kann gar nicht sein", erwiderte Mogul. „Es kann doch keine Verbesserungsmöglichkeit . . ."

„Ich habe gerade zwölf Scheiben auf dem Globus untergebracht!" triumphierte Fogsberry (Bild 1 rechts). „In den Eckpunkten eines Ikosaeders", fügte er hinzu. „Aber es ist immer noch reichlich Platz. Wenn sie nicht festgeklebt wären, könnte man sie herumschieben. Vielleicht ist genug Platz für noch eine."

„Ich habe eine Idee", rief Cosgrove vergnügt. „Wenn wir die Oberfläche der Kugel berechnen und sie durch die Fläche einer Sendezone teilen, dann haben wir eine Obergrenze für die Anzahl der Scheiben. Wir berücksichtigen zwar nicht die Lücken dazwischen, aber es gibt wenigstens einen Anhaltspunkt."

„Hervorragend, Cosgrove. Machen Sie das!" befahl Mogul.

„Also. Der Marsradius ist gleich 1."

„Ich will nicht kleinlich sein, aber der Marsradius beträgt 3390 Kilometer."

„Ach, ich definiere eine neue Längeneinheit, damit es einfacher zu rechnen ist. Ein Mogul sind 3390 Kilometer."

„Mathematiker", grummelte Mogul, insgeheim geschmeichelt, mit einer so stattlichen Größe identifiziert zu werden.

Cosgrove fuhr fort: „Dann ist die Oberfläche gleich 4π . . ."

„4π Quadratkilometer oder was?"

„Quadratmogul. Die Fläche einer 60-Grad-Kugelkappe ist $(2-\sqrt{3})\pi$, also etwa $0{,}2679\pi$. Die Anzahl der möglichen Sendezonen ist also höchstens gleich

$4\pi/(0,2679\pi)$, das sind ungefähr 14,9. Es muß aber eine natürliche Zahl sein, also beträgt das Maximum 14."

„Danke, Cosgrove, aber jetzt wissen wir immer noch nicht, ob 12 die größte erreichbare Anzahl ist. Es könnten auch 13 oder sogar 14 sein", sagte Mogul.

„Stimmt leider. Aber den Versuch war es wert." Er verfiel in dumpfes Brüten. „Wenn man unser Problem nur mit einem bereits gelösten in Zusammenhang bringen könnte . . ."

„Cosgrove, alles, was Sie . . ."

„Ha! Die Kußzahl!" rief Cosgrove.

Mogul runzelte mißbilligend die Stirn. „Cosgrove, Sie wissen, unser Programm ist jugendfrei. Wie können Sie an so etwas nur denken?"

„Entschuldigen Sie, Chef. Ich bezog mich auf das Kußproblem. Vielleicht haben Sie davon gehört. Wieviele gleichgroße Kugeln können eine Kugel derselben Größe berühren, ohne sich gegenseitig zu durchdringen?"

Kußzahlen

„Ich sehe nicht ganz . . ."

„Denken Sie sich das Problem zuerst in zwei Dimensionen", sagte Cosgrove, kramte in seinen Taschen und förderte eine Handvoll Mars-Pence zutage. „Wieviele Münzen kann ich um diese herumlegen, so daß sich alle berühren?"

Mogul spielte etwas herum. „Sechs", sagte er. „Dann paßt es gerade."

„Jetzt brauchen wir nur noch die Lösung mit Kugeln statt Kreisscheiben."

„Unsere Sendezonen sind aber Kreise, nicht Kugeln", wandte Mogul ein.

„Kugelkappen. So weit waren wir doch schon. Stellen Sie sich zwei gleichgroße Kugeln vor, die sich berühren. Wenn Sie die eine Kugel radial auf die andere projizieren . . ."

„Hä?"

„Nehmen Sie alle Strahlen, die vom Mittelpunkt der einen Kugel ausgehen und die andere treffen. Das ist ein Kegel, aus dem die erste Kugel eine Kugelkappe mit dem Winkeldurchmesser 60 Grad ausschneidet. Jede nicht-überlappende Anordnung von 60-Grad-Kappen – unseren Sendezonen – entspricht einer Anordnung von sich berührenden Kugeln. Wir drücken uns gerne in blumigen Metaphern aus und sagen ‚küssen' statt ‚berühren'. Unser Problem ist genau das Kußzahlen-Problem in drei Dimensionen, nur spärlich verkleidet."

„Wie? Sind Kugeln nicht immer dreidimensional?"

„Nun, man kann dieselbe Frage in Räumen jeder Dimension stellen. Ich muß mal meine alten Aufzeichnungen ausgraben." Er murmelte hastig in seinen arg abgenutzten persönlichen Desorganisator. „Na also, hier ist eine Tabelle mit den besten bekannten Resultaten bis zu 24 Dimensionen."

Sie inspizierten Cosgroves Notebook-Display (Bild 2). „Die genaue Zahl ist für eine, zwei, drei, acht und 24 Dimensionen bekannt", erklärte Cosgrove. „Bis vor kurzem hätte ich hinzugefügt ‚und für keine weiteren', aber nach den neuesten Nachrichten hat Wu-Yi Hsiang von der Universität von Kalifornien in Berkeley angekündigt, er habe das Problem für vier Dimensionen gelöst. Die Antwort lautet 24."

Dimension	untere Schranke	obere Schranke
1	2	2
2	6	6
3	12	12
4	24	25
5	40	46
6	72	82
7	126	140
8	240	240
9	306	380
10	500	595
11	582	915
12	840	1 416
13	1 130	2 233
14	1 582	3 492
15	2 564	5 431
16	4 320	8 313
17	5 346	12 215
18	7 398	17 877
19	10 668	25 901
20	17 400	37 974
21	27 720	56 852
22	49 896	86 537
23	93 150	128 096
24	196 560	196 560

Bild 2: Bisher bekannte Schranken für die Kußzahl in den Dimensionen 1 bis 24.

„Wollen Sie damit sagen, die Antwort ist für fünf Dimensionen unbekannt, aber für acht bekannt? Und warum gerade für 24 Dimensionen, um Himmels willen?" fragte Mogul.

„Nun, in fünf Dimensionen kennt man eine Anordnung mit 40 Kugeln und weiß, daß es nicht mehr als 46 sein können. Aber bisher konnte niemand die Lücke schließen."

„Schön, aber warum sind acht und 24 Dimensionen leichter als fünf?"

„Andrew M. Odlyzko und Neil J. A. Sloane von den AT&T-Bell-Laboratorien in Murray Hill – drüben auf der Erde in New Jersey – fanden eine gute obere Schranke für diese Fälle", bemerkte Cosgrove. „Sie lag so niedrig, daß sie von den besten bekannten Kugelanordnungen in diesen Dimensionen genau erreicht wurde. Fertig." (Vergleiche „Kugelpackungen im Raum" von Neil J. A. Sloane, Spektrum der Wissenschaft, März 1984, Seite 120.)

„Daraus folgt nur, daß es stimmt", wandte Fogsberry ein. „Aber es erklärt noch nicht, was das Besondere am acht- und am 24-dimensionalen Raum ist."

Cosgrove wurde sichtlich verlegen. „Nun, diese Räume haben gewisse ziemlich ungewöhnliche Eigenschaften. Allerlei Arten von Kugelpackungsproblemen lassen sich in diesen Dimensionen besonders schön lösen."

(Es dürfte äußerst mühsam sein, 24-dimensionale Kugeln in größeren Mengen aufzutreiben; aber wenn Sie wollen, können Sie sich an etwas irdischeren Problemen versuchen. Finden Sie zum Beispiel den kleinsten Kreis oder das kleinste Quadrat, in die eine gegebene Anzahl von Pfennigen hineinpaßt. Oder finden Sie die Kußzahlen für andere ebene Formen wie Fünfecke oder Ellipsen. Wenn Sie sehr ehrgeizig sind, lösen Sie das Problem der martianischen Fernsehsender für Winkeldurchmesser, die größer oder kleiner als 60 Grad sind. Und wenn Ihnen das immer noch zu einfach ist, dann können Sie darüber nachdenken, wie groß der Winkeldurchmesser einer Zone höchstens sein darf, wenn Sie eine gegebene Anzahl gleicher Zonen ohne Überschneidungen auf der Kugel unterbringen wollen. Es gibt Antworten für bis zu zwölf Zonen und Vermutungen für einige größere Werte.)

Mogul holte die Schöngeister aus ihrem 24-dimensionalen Raum auf den Boden des Mars zurück. „Nach Ihrer Tabelle ist bekannt, daß die Kußzahl in drei Dimensionen 12 beträgt."

„Ja", antwortete Cosgrove. „Der große Isaac Newton und sein schottischer Kollege David Gregory stritten sich 1694 darüber. Newton behauptete, die Zahl sei 12, Gregory hielt 13 für möglich. Im 19. Jahrhundert legten C. Bender, R. Hoppe und S. Günther Beweise dafür vor, daß Newton recht hatte . . ."

Cosgrove holte kurz Luft und fuhr fort, ehe ihn jemand stoppen konnte: „ . . . aber der Beweis ist alles andere als einfach. Das liegt im wesentlichen daran, daß die Anordnung nicht steif ist. Man hat viel Platz und kann die Kugeln allein durch Herumschieben, wobei sie die zentrale Kugel immer berühren, in so ziemlich jede Anordnung bringen. Sie müssen also nicht die Ecken eines Ikosaeders bilden. In acht und in 24 Dimensionen hat man diese Freiheiten nicht: Es gibt im wesentlichen nur eine maximale Anordnung – und deswegen war es einfacher, für diese Fälle das Problem zu lösen. Es ist manchmal leichter, eine Antwort auf eine Frage zu finden, wenn es nur eine Antwort gibt."

„Wie hat Hsiang den vierdimensionalen Fall erledigt?" fragte Fogsberry.

„Er löste kürzlich ein sehr altes, wichtiges Problem, mit dem sich schon Johannes Kepler 1611 beschäftigt hatte. Es geht um Kugelpackungen: die

Bild 3: Dreizehn gleichgroße Kugeln (von denen in dieser Perspektive elf sichtbar sind) können so angeordnet werden, daß die mittlere die zwölf anderen berührt.

Kunst, Kugeln in drei Dimensionen so aufeinanderzuschichten, daß möglichst wenig Luft zwischen ihnen bleibt. Hsiang hat angekündigt, daß seine neuen Techniken auch für das vierdimensionale Kußproblem anwendbar seien. Aber bisher habe ich den Beweis noch nicht gesehen."

„Was schert mich der Beweis?" knurrte Mogul. „Wir wissen jetzt, daß für drei Dimensionen zwölf das Maximum ist. Wenn wir die Ikosaeder-Anordnung benutzen, sind wir auf der sicheren Seite. Cressida, holen Sie mir die Konstruktions . . ."

„Chef, Sie wissen doch, daß ich versucht habe, Ihnen zu erzählen, was CNN heute morgen berich . . ."

„Ich habe Ihnen doch gesagt, ich bin nicht inter . . ."

„Sollten Sie aber. Es scheint, daß sehr merkwürdige Maschinen unter den antiken Marsgeräten gefunden wurden. Einige funktionieren offensichtlich noch. Die Archäologen haben begonnen, mit ihnen zu experimentieren und . . ."

Der Boden schien zu wackeln, ohne sich tatsächlich zu bewegen. Alles sah plötzlich ganz anders aus, aber trotzdem genau gleich. Es war sehr beunruhigend.

„Oh je", sagte Cosgrove. „Sie hatten recht."

„Recht? Womit?" schnappte Mogul.

„Ein Dimensionsbeben. Der Mars ist soeben 24-dimensional geworden."

Mogul blickte aus seinem Fenster auf einen 24-dimensionalen Berg und wurde plötzlich sehr aufgeregt. „Cosgrove, werden die Dimensionsbeben irgendeine Auswirkung auf die Finanzwelt haben?"

„Nein, Chef. Außer daß bisher zweiseitige Münzen jetzt sehr viel mehr Flächen haben."

„Phantastisch! Cressida, rufen Sie CNN an. Die können die Senderechte geschenkt haben."

„Ist Ihnen nicht gut, Chef? Hat das Beben Ihr Gehirn erschüttert?"

„Ach was. Wer jetzt das Netzwerk aufbaut, wird 196 560 Sender kaufen müssen, für eine Million Mars-Dollar das Stück. Das sind schlappe 200 Milliarden. Ich möchte sehen, wie CNN das von seinem ehemals dreidimensionalen Konto zahlt."

„Ach so, Chef", sagte Cosgrove sanft. „Hatte ich das Gerät erwähnt, das Stein in Gold verwandelt?"

Literaturhinweise

Regelmäßige Anordnungen gleicher sich berührender Kreise in der Ebene, auf der Kugel und auf der Pseudosphäre. Von Sebastian Finsterwalder. Abhandlungen der Bayerischen Akademie der Wissenschaften, Heft 38, 1936.

The Problem of the Thirteen Spheres. Von John Leech in: Mathematical Gazette, Band 40, Heft 331, Seiten 22 und 23, Februar 1956.

Sphere Packings, Lattices and Groups. Von John Horton Conway und Neil J. A. Sloane Springer-Verlag, 1988.

Sphere Packings and Spherical Geometry – Kepler's Conjecture and Beyond. Von Wu-Yi Hsiang. Center for Pure and Applied Mathematics, University of California, Berkeley, Juli 1991.

Les placements des cercles. Von Marcel Berger in: Pour la science, Heft 176, Juni 1992. Seiten 72 bis 79.

8
Zwanzigtausend Meilen unter den Meeren

Das geheimnisvolle Unterseeboot des Kapitäns Nemo besaß nicht nur wundersame Maschinen, sondern auch eine äußerst eigenwillige Inneneinrichtung. Hier erfahren Sie, warum.

Die Gefahren des Meeres, die ihr dort oben empfindet, bestehen für mein Schiff nicht mehr. Es wird nicht leck, kein Takelwerk, kein Segel kann beschädigt werden, kein Kessel zerplatzen, kein Feuer bricht aus, kein Kohlenmangel legt es lahm, und es braucht weder Zusammenstoß noch Sturm zu fürchten: Das, Monsieur, ist ein Schiff, wie es sein soll, und ich liebe es.

Kapitän Nemo *in
„Zwanzigtausend Meilen
unter den Meeren"
von Jules Verne*

Kapitän Nemo saß in seiner prachtvoll ausgestatteten Kajüte. Unter dem Schreibtisch lag ein kostbarer Perserteppich, ein Fresko von Leonardo da Vinci bedeckte die Wand, und ein großer Konzertflügel war sturmfest am Boden verschraubt. Die Lagune draußen reflektierte das Sonnenlicht als vielfältig verschlungene, aber beruhigende Wellenmuster in den Raum. Ein Steward trat aus dem hohen, schmalen, eichengetäfelten Korridor durch die Tür ein, die mit einem kunstvollen Relief verziert war: Venus entsteigt den Wogen.

„Kapitän, die Konstruktion ist vollendet. Es ist Zeit, die ‚Nautilus' zu Wasser zu lassen."

Der große Moment war gekommen. Mit feierlicher Stimme kommandierte Nemo: „Versammeln Sie die Mannschaft!" und erhob sich, um an Land zu gehen. Bald waren die Seeleute, Köche und Ingenieure am Kai angetreten. Der Kapitän legte einen wuchtigen Hebel um, und das neugebaute Unterseeboot begann die Rampe hinunterzugleiten, erst gemächlich, dann immer schneller, bis Gischt aufspritzte und das Boot, sachte hin und her schwankend, in die Lagune hinaustrieb.

„Ich gratuliere, Kapitän", sagte Ted Wreckoning, der Steuermann.

„Die Erfüllung meines Lebenstraumes", sprach Nemo mit ergriffener Stimme, während er dem Schiff nachblickte. „Ich habe mein ganzes Vermögen in dieses Unternehmen versenkt", fügte er hinzu, was in den Ohren seines Begleiters wie eine unheilvolle Prophezeiung klang. „Sehen Sie doch, wie schön sie schwimmt!" Nemo packte Ted Wreckoning in freudiger Erregung am Kragen. „Und bald werden wir auch sehen, wie gut sie sinkt, Steuermann, wenn die Tanks geflutet werden. Lassen Sie uns an Bord gehen."

Ein kleines Beiboot brachte die beiden bis zur Einstiegsluke der „Nautilus". Kaum hatten sie ein paar Schritte an Deck getan, da schwankte das Unterseeboot noch ein wenig heftiger und drehte sich auf einmal in einer anmutigen Bewegung kieloben.

„Ich muß ein ernstes Wort mit den Konstrukteuren reden", prustete Kapitän Nemo, im Wasser der Lagune mit den Armen rudernd.

Die Auftriebskurve

Der Tisch war bedeckt mit Konstruktionszeichnungen von der Hülle der „Nautilus". „Es ist alles nur eine Frage des Auftriebs", erklärte Chefkonstrukteur Jerry Bilder. „Wie Archimedes in der Badewanne entdeckte, wirkt auf jedes Schiff eine aufwärts gerichtete Kraft, die gleich dem Gewicht des von ihm verdrängten Wassers ist. Wenn dieser Auftrieb gleich der abwärts gerichteten Gewichtskraft des Schiffes ist, dann schwimmt es in perfektem Gleichgewicht. Und die ‚Nautilus‘ beweist uns, Kapitän Nemo, daß wir korrekt und exakt gerechnet haben. Denn sonst wäre sie gleich gesunken, statt nur ein bißchen zu kentern." Bilder lächelte befriedigt und ersetzte die Pläne auf dem Tisch durch neue.

Nemo starrte ihn an. „Bilder, mein Schiff treibt mit dem Bauch nach oben im Wasser! Das ist keine Kleinigkeit!"

„Wenn Sie das doch nur von meinem Standpunkt aus betrachten könnten! Ich habe die Einsinktiefe des Schiffs gemessen. Sie stimmt mit unseren Berechnungen bis auf den Millimeter überein."

„Sie müssen es toplastig gebaut haben", sagte Nemo.

„Nein, nein. Wir haben mit Bedacht Ballast angebracht, um sicherzustellen, daß der Schwerpunkt sich unter der Wasserlinie befindet."

„Das ist jetzt sicherlich der Fall", sagte Nemo mit ätzender Stimme. „Und die Aufbauten sind auch unter Wasser. Man kommt ohne Taucheranzug noch nicht einmal hinein."

Ted hatte derweil auf einem Blatt Papier herumgekritzelt und tippte nun dem Kapitän auf die Schulter. „Ich glaube, ich habe die Antwort gefunden, Sir." Er wandte sich an den Konstrukteur. „Schwerpunkt unter der Wasserlinie? Glauben Sie, daß das die Bedingung für stabiles Schwimmen ist?"

„Aber selbstverständlich! Das Schiff dreht sich um die Wasserlinie, und wenn der Schwerpunkt unterhalb der Drehachse liegt, dann hat es keinen Anlaß zu kentern."

„Sehr plausibel", entgegnete Ted. „Aber falsch. Die Drehachse liegt überhaupt nicht in der Wasserlinie. Mehr noch: Sie verschiebt sich, wenn das Schiff kippt." Er deutete auf seine Zeichnung (Kasten auf Seite 82). „Stellen Sie sich vor, die ‚Nautilus' sei um einen Winkel α gegen die Gleichgewichtslage geneigt. Ihr Gewicht greift im Schwerpunkt S an – zumindest darf man sich das so vorstellen – und wirkt nach unten. Die Auftriebskraft wirkt nach oben, aber ihr Angriffspunkt ist der Auftriebsmittelpunkt $A(\alpha)$, und das ist der Schwerpunkt des verdrängten Wasservolumens oder, was dasselbe ist, der geometrische Mittelpunkt des untergetauchten Schiffsteils. Übrigens zeigt meine Zeichnung nur einen Querschnitt durch das Schiff, um die Argumentation zu vereinfachen; da sie zweidimensional ist, muß man anstelle des Volumens die Fläche verwenden. Der Auftriebsmittelpunkt entspricht dann dem Flächenschwerpunkt des unter Wasser befindlichen Flächenstücks. Wenn sich der Winkel α ändert, beschreibt der Punkt $A(\alpha)$ eine Kurve, die ich die Auftriebskurve A nenne. Außerdem kann ich beweisen, daß die Auftriebskurve im Punkt $A(\alpha)$ horizontal verläuft, wenn das Schiff um den Winkel α geneigt ist. Das Schiff verhält sich mithin so, als wäre seine Unterseite geformt wie die Auftriebskurve und würde auf einer horizontalen Fläche abrollen."

„Es geht also darum, die Dynamik einer rollenden Kurve zu verstehen", warf Nemo ein. „Dann können wir das Ergebnis auf die Bewegungen meines Schiffs anwenden."

„So ist es", sagte Ted. „Wenn Sie gestatten, würde ich gerne ein kleines Experiment vorführen. Ich habe ein Rollgerät aus Pappe gebastelt. Es hat die Form einer Parabel, aber das ist nicht so wichtig. Ich habe zwei kleine, aber schwere Magnete beiderseits der Pappe so angebracht, daß sie sich gegenseitig anziehen und den Schwerpunkt S bestimmen" (Bild 1a).

„Wieso das?" fragte Nemo.

„Weil die Pappe so leicht ist, daß man deren Gewicht gegenüber den Magneten vernachlässigen kann. Die ganze Masse ist also in den Magneten konzentriert."

„Ach so."

„Wenn ich die Magnete in der Nähe des Randes anbringe, dann pendelt das Rollgerät sich auf einen Gleichgewichtszustand ein. Welcher Zusammenhang besteht nun zwischen dem Punkt S, an dem die Magnete sitzen, und dem Punkt P, in dem das Rollgerät den Boden berührt?"

„Nun", begann Nemo zu überlegen, „die abwärts gerichtete Gewichtskraft des Geräts muß der Kraft, die vom Berührpunkt aus nach oben wirkt, entgegengesetzt gleich sein... Aha! Wenn ich in P eine Senkrechte zum Rand des Rollers ziehe, dann muß diese Linie durch S verlaufen."

Die Geometrie der Auftriebskurve

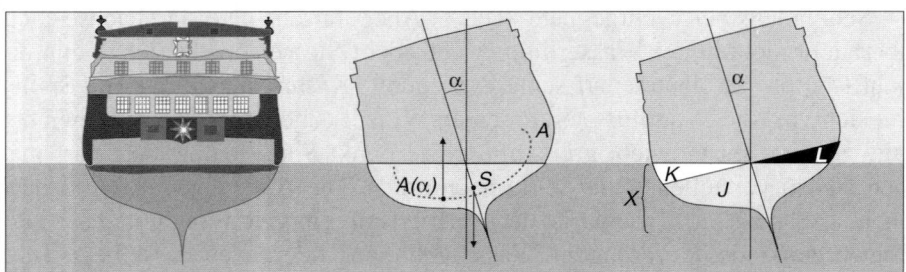

Ein Schiff im vertikalen Gleichgewicht (das heißt, der Auftrieb ist gleich dem Gewicht) sei um den Winkel α geneigt (Mitte). Das Gebiet unterhalb der Wasserlinie hat unabhängig von α einen konstanten Flächeninhalt X. Entsprechend den verschiedenen möglichen Neigungswinkeln gibt es eine Schar von Geraden (nämlich die zum jeweiligen Neigungswinkel gehörigen Wasserlinien), welche von der Querschnittsfläche des Schiffs eine Fläche der Größe X abschneiden. Der Flächenschwerpunkt einer solchen Fläche ist der Auftriebsmittelpunkt des entsprechend geneigten Schiffs. Welche unter diesen Flächen hat bei vorgegebenem Neigungswinkel α den tiefsten Schwerpunkt?

Es ist die Fläche, die von einer horizontalen Geraden begrenzt wird. Daraus folgt, daß deren Flächenschwerpunkt $A(\alpha)$ der (unter dem Neigungswinkel α) tiefste Punkt der Auftriebskurve A ist.

Ein physikalisches Argument macht das plausibel. Man fülle das Schiff mit der Wassermenge X. Dieses Wasser nimmt dann eine Lage niedrigster potentieller Energie ein, das heißt, die Form mit dem tiefstmöglichen Flächenschwerpunkt (geometrischen Mittelpunkt). Andererseits ist die Wasseroberfläche in einem Behälter stets horizontal.

Eine mathematische Begründung verläuft folgendermaßen (rechts): Die von der horizontalen Geraden begrenzte Fläche ist aus J und K zusammengesetzt. Sie ist bezüglich ihres Schwerpunktes mit jeder anderen der zur Debatte stehenden Flächen zu vergleichen, zum Beispiel jener, die aus J und L besteht. Die Gebiete K und L haben gleiche Flächen, aber der Schwerpunkt von L liegt höher als der von K. Wenn man also K durch L ersetzt, wird der Schwerpunkt der gesamten Fläche angehoben.

Analog dazu ist folgende Situation: Wenn zwei Gewichte an einem zweiarmigen Hebel ausbalanciert sind und man das eine Gewicht vom Drehpunkt weg verschiebt, muß man den Drehpunkt in die gleiche Richtung verschieben, um das Gleichgewicht wiederherzustellen.

„Genau", sagte Ted. „Wenn ein Lot an den Roller-Rand durch den Schwerpunkt S verläuft, dann ist der Fußpunkt dieses Lotes ein Gleichgewichtspunkt, das heißt, der Roller ist im Gleichgewicht, wenn er mit diesem Punkt auf dem Tisch aufliegt" (Bild 1*b*). Der Steuermann fuhr fort: „Das gilt

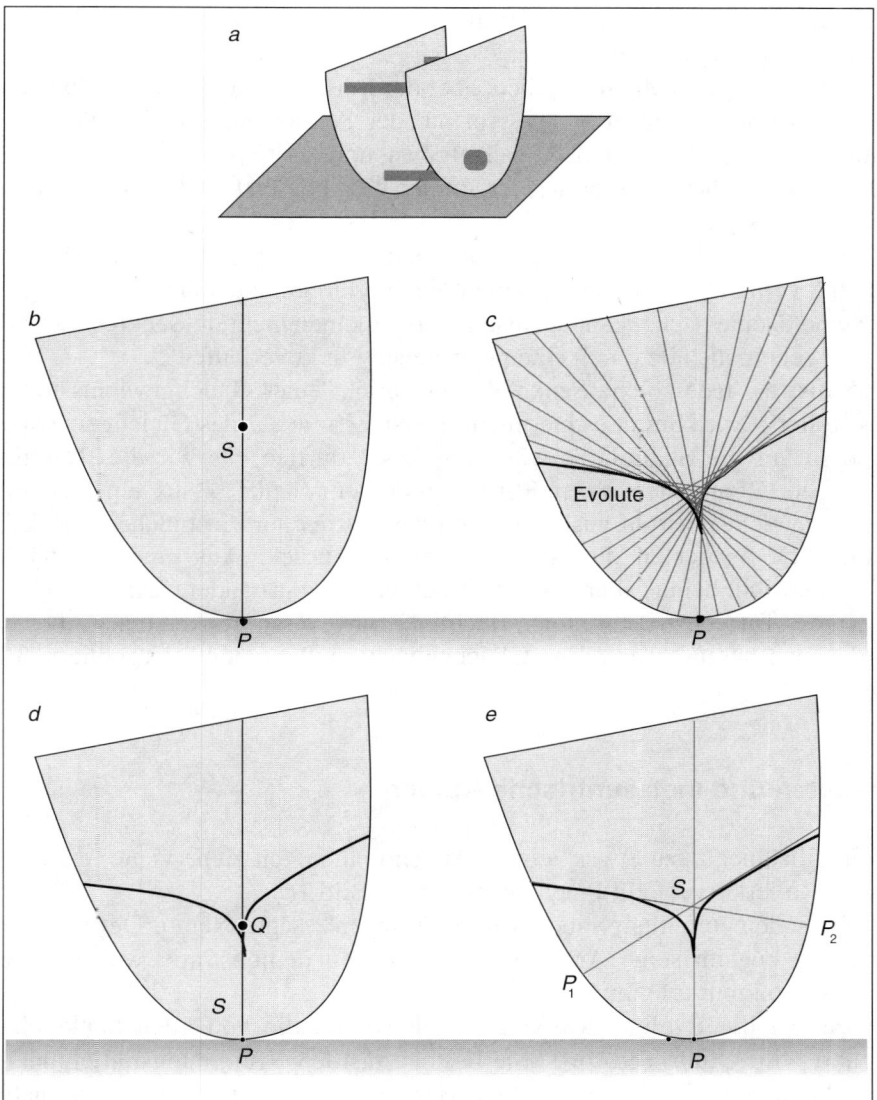

Bild 1: Ein Rollgerät aus zwei gleichen, durch Stege verbundenen Stücken Pappe. Mit Hilfe eines Magnetenpaars, das beiderseits des einen Pappstücks sitzt, kann man den Schwerpunkt des Geräts beliebig verschieben (*a*). Wenn die Senkrechte an den Rand der Kurve im Auflagepunkt *P* durch den Schwerpunkt *S* verläuft, befindet sich das System im Gleichgewicht (*b*). Die Senkrechten an den Rand sind sämtlich Tangenten einer Kurve, der Evolute (*c*). Wenn *S* unterhalb der Evolute liegt, verläuft eine einzige Senkrechte durch *S*; entsprechend gibt es nur eine Gleichgewichtsposition (*d*). Befindet sich *S* jedoch oberhalb, dann liegt er auf drei Senkrechten mit Fußpunkten in *P*, P_1 und P_2 (*e*). Der mittlere Gleichgewichtspunkt *P* ist instabil.

für jede Rollerform, nicht nur für die Parabel. Wenn ich jetzt S vertikal nach oben bewege, was geschieht dann?"

„Der Roller wackelt ein bißchen, aber der Berührpunkt bleibt derselbe, denn der Schwerpunkt liegt nach wie vor auf der Senkrechten…" Kapitän Nemo hatte die Magnete nach oben verschoben und das Spielzeug vorsichtig in genau der gleichen Position wieder auf den Tisch gesetzt. „Oh! Es ist plötzlich zur Seite gekippt!"

„Ja. Und die Senkrechte durch den neuen Berührpunkt P' muß ebenfalls durch S verlaufen, denn Ihr Argument von vorhin gilt auch hier."

Nemo dachte nach. „Es kann also im allgemeinen mehrere Senkrechte an die Kurve geben, die alle durch einen gegebenen Punkt verlaufen?"

„So ist es. Jede solche Senkrechte entspricht einer Gleichgewichtsstellung des Rollers. Nur kommt es hier nicht in erster Linie auf das Gleichgewicht an, sondern auf die Stabilität – wie wir erleben durften, als wir die ‚Nautilus' bestiegen. Wenn man einen Roller – oder ein Schiff – aus einer stabilen Gleichgewichtsposition auslenkt, dann wackelt es nur ein bißchen und kehrt schließlich wieder in die Ausgangsstellung zurück. Aus einem instabilen Gleichgewicht heraus aber bewegt es sich in eine ganz andere Lage."

„In der Tat. Ich erinnere mich flüchtig", warf Nemo trocken ein. „Aber wie findet man heraus, wann eine Gleichgewichtsstellung stabil ist, ohne naß zu werden?"

Evoluten und metazentrische Kurven

„Ich will Ihnen dazu etwas zeigen. Angenommen, ich ziehe viele Senkrechte an die Rollerkurve. Fällt Ihnen etwas auf?" (Bild 1c)

„Sie scheinen entlang einer Kurve zu liegen", sagte Nemo. Der Chefkonstrukteur begann seine Architekturzeichnungen demonstrativ wegzupacken, aber Nemo ignorierte ihn.

„Das ist die Evolute des Rollers, die Kurve, die von allen Senkrechten berührt wird", fuhr Ted fort. „Sie besteht aus den Krümmungsmittelpunkten der Randkurve. Ich weiß darüber Bescheid, denn wir Steuerleute haben Geometrie gelernt", fügte er stolz hinzu. Bilder murmelte wüste Verwünschungen in seinen Bart. Was glaubte der wohl, was Architekten gelernt haben?

„In diesem Fall hat die Evolute eine Spitze, eine sogenannte Kuspe, und die Verhältnisse beiderseits dieser Kurve sind gänzlich verschieden. Innerhalb der Evolute – das heißt auf der Seite, wo ihre Tangenten liegen – verlaufen durch jeden Punkt drei Senkrechte, auf der Außenseite dagegen nur eine. Wenn also der Schwerpunkt S auf der Außenseite der Evolute liegt, dann gibt es einen eindeutig bestimmten Gleichgewichtspunkt P, den Fußpunkt der zugehörigen

Senkrechten (Bild 1*d*). Der Roller stellt sich dann so ein, daß *P* den Boden berührt. Für die Punkte auf der Innenseite der Evolute gibt es dagegen drei Gleichgewichtspunkte *P*, P_1 und P_2 (Bild 1*e*). Wann ist nun so ein Gleichgewichtspunkt stabil?"

Kapitän Nemo kratzte sich am Kopf. „Nun, der Schwerpunkt dieses Dings möchte ja immer so tief wie möglich liegen. Wenn ich es aus dem stabilen Gleichgewicht ein wenig auslenke, dann entsteht eine rücktreibende Kraft; sonst wäre das Gleichgewicht nicht stabil. Dann habe ich zuvor den Schwerpunkt offensichtlich etwas angehoben. Wenn ich es aus einer instabilen Position heraus auslenke, müßte der Schwerpunkt dagegen fallen."

„Ja. Stabile Gleichgewichtspunkte sind lokale Minima der potentiellen Energie, instabile sind lokale Maxima. In einem stabilen Gleichgewichtspunkt sollte *P* also der Punkt der Parabel sein, der, verglichen mit seinen unmittelbaren Nachbarn, *S* am nächsten liegt (Bild 2*a*). Bei einem instabilen Gleichgewichtspunkt dagegen sollte *P* weiter von *S* entfernt sein als die Punkte in seiner Umgebung (Bild 2*b*). Der Begriff der Stabilität bezieht sich nämlich immer nur auf beliebig kleine Auslenkungen. Es ergibt sich, daß ein Gleichgewichtspunkt stabil ist, wenn in der entsprechenden Roller-Stellung der Punkt *S* zwischen *P* und dem Punkt *Q* liegt, in dem die zugehörige Senkrechte die Evolute berührt. Andernfalls ist die Position instabil. Bei drei Gleichgewichtspunkten ist also der mittlere Punkt *P* instabil, während P_1 und P_2 stabil sind. Aus diesem Grund ist der Roller umgekippt: Der Gleichgewichtspunkt bei *P* wurde instabil, und der Roller nahm die neue Lage P_1 ein."

„Dann wäre die Situation ja recht übersichtlich. Nur wenn *S* die Evolute überquert, kann ein stabiler Gleichgewichtspunkt instabil werden oder umgekehrt."

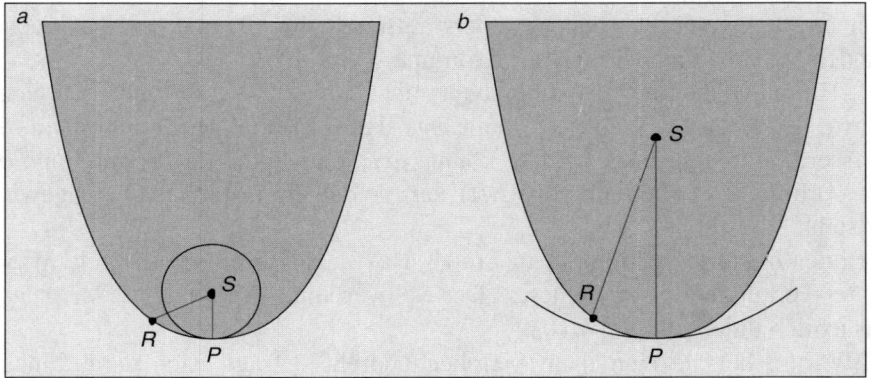

Bild 2: Im linken Bild (*a*) ist *P* ein stabiler Gleichgewichtspunkt, denn *SP* ist kürzer als *SR* für jeden Punkt *R* in der Umgebung von *P*. Dagegen ist rechts *P* ein instabiler Gleichgewichtspunkt (*b*), denn *SP* ist länger als *SR* für jeden benachbarten Punkt *R*.

„Und nur bei dieser Gelegenheit können überhaupt Gleichgewichtspunkte entstehen oder verschwinden", ergänzte der Steuermann, zufrieden grinsend.

„Ganz nett, aber was hat das alles mit Schiffen zu tun?" warf Jerry Bilder mürrisch ein.

„Das funktioniert genauso für Schiffe, aber statt der Randkurve des Rollers nimmt man die Auftriebskurve des Schiffs. Seine Evolute heißt metazentrische Kurve M. Wenn sich das Schiff um einen Winkel α neigt, ist der Punkt $M(\alpha)$, in dem die Senkrechte an A in $A(\alpha)$ die Kurve M trifft, das Metazentrum für den Winkel α. Das Schiff befindet sich bei diesem Neigungswinkel im Gleichgewicht, wenn S auf der Verbindungsgeraden von $A(\alpha)$ und $M(\alpha)$ liegt. Das Gleichgewicht ist stabil, wenn S und $A(\alpha)$ auf derselben Seite von $M(\alpha)$ liegen, instabil dagegen, wenn $M(\alpha)$ zwischen S und $A(\alpha)$ liegt" (Bild 3).

„Hervorragend! Wie funktioniert das nun für die ‚Nautilus'?" fragte Nemo.

„Mal sehen... Die ‚Nautilus' sieht ziemlich feudal aus, aber ihr Querschnitt ist im wesentlichen eine Ellipse, die höher als breit ist. Also ist ihre Auftriebskurve eine ähnliche Ellipse (Kasten auf Seite 88). Die Evolute einer Ellipse ist eine wunderbare Kurve mit vier Kuspen. Gleiches gilt für die metazentrische Kurve der ‚Nautilus'. Da wir das Schiff sehr sorgsam zu Wasser ließen, dürfte sein Neigungswinkel α nahezu gleich null gewesen sein. Ob diese Gleichgewichtslage bei $\alpha = 0$ stabil ist, hängt davon ab, ob der Schwerpunkt S tiefer liegt als das entsprechende Metazentrum $M(0)$, das ist in unserem Fall die obere Kuspe auf M."

„Ist das Zufall?" fragte Nemo.

„Was bitte?"

„Daß der Winkel, der uns interessiert, gerade einer Kuspe von M entspricht."

„Ach so. Nein, das ist kein Zufall, sondern liegt daran, daß das Schiff bilateral symmetrisch ist. Auf Symmetrieachsen entstehen stets Kuspen. Sie können, wohlgemerkt, auch woanders auftreten; im allgemeinen entsprechen sie den Maxima und Minima der Krümmung von A."

„Hmm. Es kommt also überhaupt nicht auf die Wasserlinie an." Nemo starrte Bilder an. „Wenn M klein ist, dann könnte $M(0)$ unterhalb der Wasserlinie liegen. Insbesondere könnte der Schwerpunkt zwar unterhalb der Wasserlinie, aber oberhalb von $M(0)$ sein, so daß ein instabiles Gleichgewicht entsteht."

Bilder blätterte auf einmal in großer Hektik durch ein Notizbuch. Wenig später verkündete er erleichtert: „Der Schwerpunkt der ‚Nautilus' liegt aber tatsächlich unterhalb von $M(0)$."

„Warum hat sie sich dann kieloben gedreht?" fragte sich daraufhin der Steuermann. Nach einigem Überlegen: „Angenommen, S befindet sich knapp unterhalb von $M(0)$ und bewegt sich nach oben. Dann überschreitet S die metazentrische Kurve M, und das Gleichgewicht wird instabil! Es gibt eine

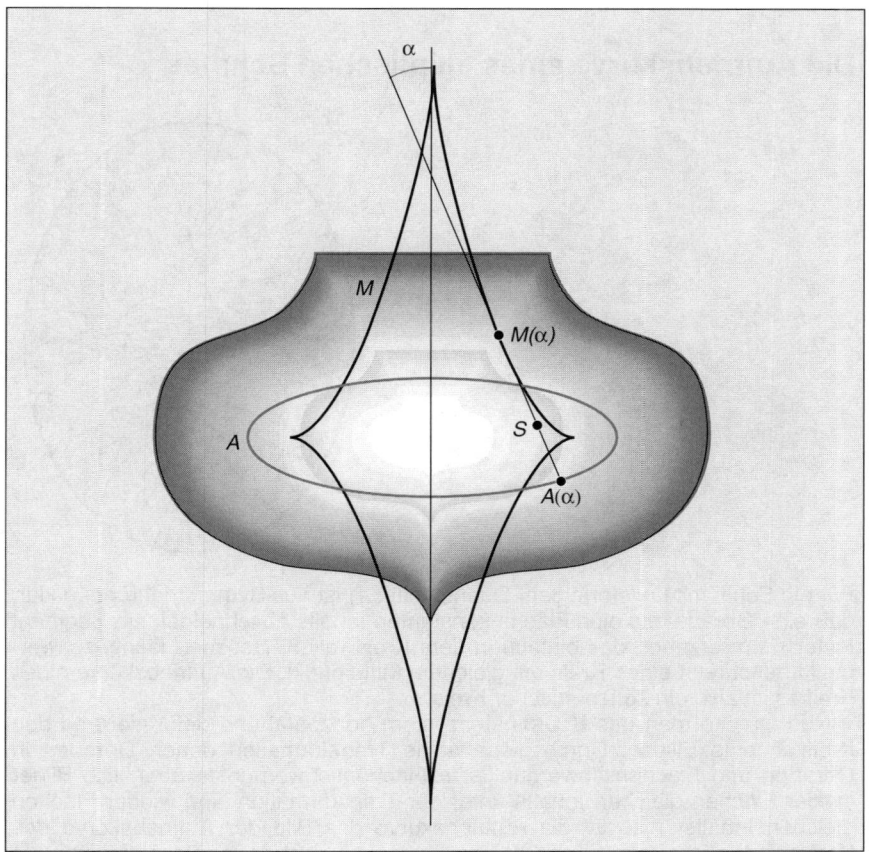

Bild 3: Die metazentrische Kurve *M* ist die Evolute der Auftriebskurve *A*. Ein um den Winkel α geneigtes Schiff befindet sich im Gleichgewicht, wenn sein Schwerpunkt *S* auf der Verbindungsgeraden von *A*(α) und *M*(α) liegt. Liegt *S*, wie hier dargestellt, zwischen diesen beiden Punkten, so ist der Gleichgewichtszustand stabil.

stabile Gleichgewichtslage, aber die liegt ganz woanders. Das Schiff dreht sich um fast 180 Grad und kentert" (Bild 4*a*).

„Als wir an Bord der ‚Nautilus' stiegen", sagte Nemo, „haben wir also den Schwerpunkt des Schiffs angehoben, und – platsch!"

„Ja", stimmte Ted zu. „Das liegt daran, daß die Kuspe in *M* nach oben zeigt. Zeigte sie nach unten, dann würde das Schiff nur ein bißchen krängen – sich zur Seite neigen", fügte er in Richtung des Chefkonstrukteurs hinzu. „Nach oben zeigende Kuspen in *M* sind gefährlich und können Kentern hervorrufen. Nach unten zeigende sind sicherer" (Bild 4*b*).

„Wenn Sie ‚nach oben' oder ‚nach unten' sagen, dann bezieht sich das wohl auf die geneigte Stellung?" fragte Nemo.

Die Auftriebskurve eines elliptischen Schiffes

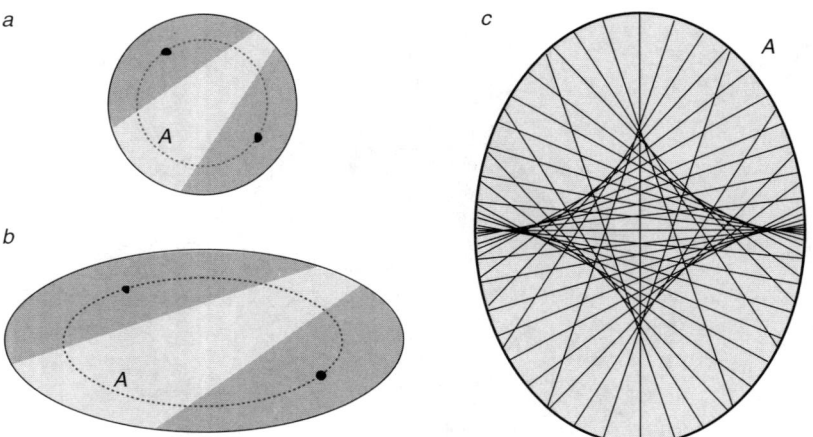

Für ein Schiff mit kreisförmigem Querschnitt (a) ist aus Symmetriegründen klar, daß eine Gerade, die eine Fläche konstanten Inhalts abschneidet, ein Segment fester Form erzeugt, das einfach in dem Kreis rotiert. Dessen Flächenschwerpunkt beschreibt einen Kreis mit gleichem Mittelpunkt. Die Auftriebskurve eines Kreises ist also ein konzentrischer Kreis.

Nun strecke man das Koordinatensystem horizontal und deformiere so den Kreis in eine Ellipse. Durch diese affine Transformation gehen Geraden in Geraden und Flächenschwerpunkte in Flächenschwerpunkte über. Die Bilder zweier Flächen gleichen Inhalts unter der Transformation sind wieder Flächen gleichen Inhalts. Also ist die Auftriebskurve das Bild der Auftriebskurve des Kreises; das ist eine ähnliche Ellipse (b). Man nennt daher die Auftriebskurve eine affine Invariante.

Leider ist die metazentrische Kurve keine affine Invariante. Bei einem Kreis besteht sie nur aus dem Mittelpunkt, während sie bei einer Ellipse vier Kuspen hat (c).

„Ja. Für einen allgemeinen Winkel α neigt man das Schiff um diesen Winkel und sieht sich dann die Richtung der Kuspen an. Dementsprechend heißt ‚nach unten' soviel wie ‚auf P zu' und ‚nach oben' soviel wie ‚von P weg'."

„Vielleicht sollten wir dem Schiff eine andere Form geben", überlegte Nemo. „Wie wäre es mit einem rechteckigen Kasten?"

„Hmm. Raffiniert." Ted verschwand für eineinhalb Stunden und kam mit einem Stapel Papier zurück. „Die Auftriebskurve für ein rechteckiges Schiff sieht einer Ellipse ziemlich ähnlich, besteht aber, genau besehen, aus vier Parabelstücken und vier Hyperbelstücken, entsprechend den verschiedenen

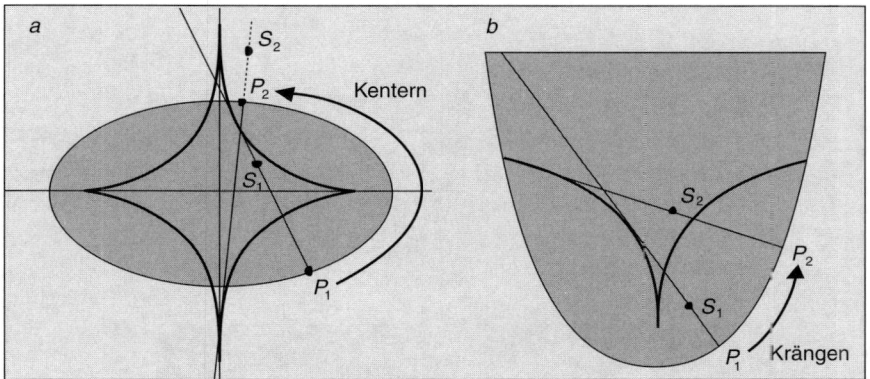

Bild 4: Überschreitet der Schwerpunkt die metazentrische Kurve eines Schiffes in der Nähe einer aufwärts weisenden Kuspe (Übergang von S_1 nach S_2), so kann sich die Lage des stabilen Gleichgewichtszustands (Fußpunkte P_1 und P_2) drastisch ändern (*a*). In der Nähe einer abwärts weisenden Kuspe ist die Änderung viel milder (*b*).

Lagemöglichkeiten des Schiffs. Die metazentrische Kurve hat insgesamt acht Kuspen (Bild 5). Die für die Bestimmung der Stabilität maßgebende ist diejenige oben in der Mitte. Anders als bei der Ellipsenform zeigt sie nach unten. Das Schiff krängt also nur und kentert nicht."

Nun war es an Nemo, einige verwickelte Berechnungen anzustellen – diesmal solche finanzieller Art. „Alles vergebens!" rief er schließlich voller Verzweiflung aus. „Wenn ich mir nur den da Vinci verkniffen hätte... Ich kann mir kein neues Schiff leisten. Wir müssen also dieses umbauen." Er blickte Bilder scharf an.

„Vielleicht könnten wir es so behämmern, daß es etwas rechteckiger...", begann der Konstrukteur.

„Ich weiß eine praktikable Lösung des Problems", unterbrach ihn Ted. „Wenn man eine Ellipse auf die Seite dreht, so daß sie höher als breit ist, dann ist die zu $\alpha = 0$ gehörige Kuspe nicht mehr die obere, sondern die untere, und die zeigt nach unten (Bild 6). Dann kann das Boot nicht mehr kentern." Er blickte Bilder an. „Sie müssen den Ballast nur so verlagern, daß die ‚Nautilus' sich auf die Seite dreht."

Die Lösung des Problems

Kapitän Nemo saß in seiner prachtvoll ausgestatteten Kajüte. Den Boden unter seinem Schreibtisch bedeckte ein großflächiges Gemälde Leonardo da Vincis. Ein kostbarer Perserteppich schmückte die Wand zu seiner Linken. Eine Art riesiges Akkordeon war sturmfest an der Wand verschraubt. Die heiße

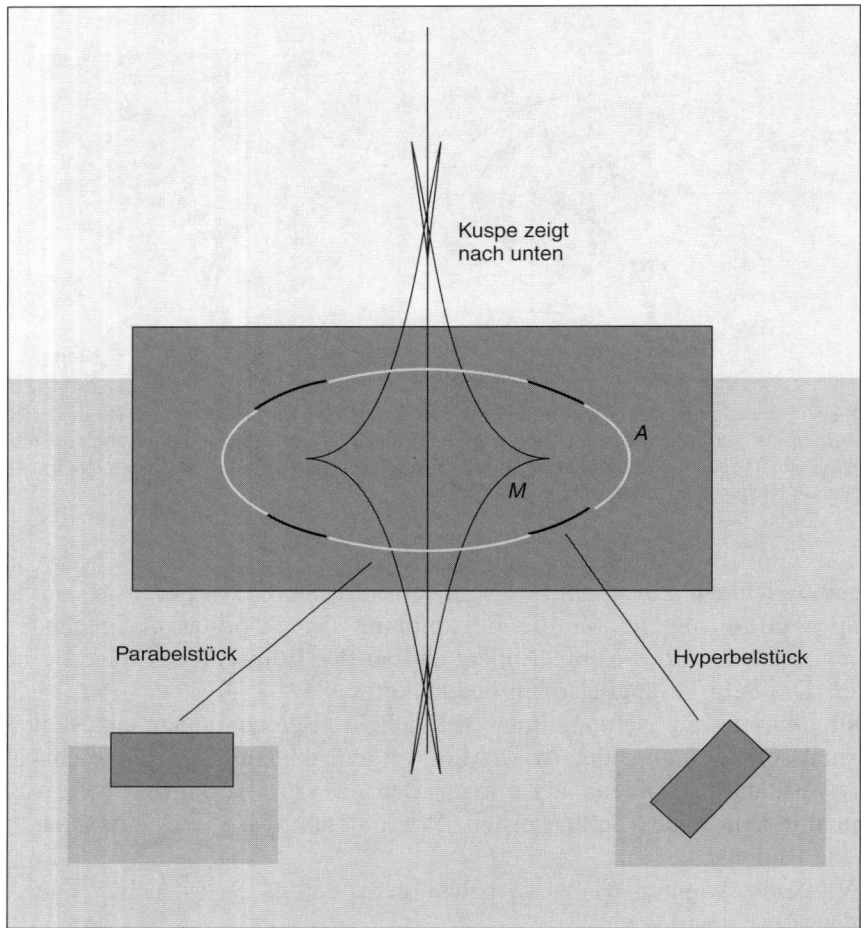

Bild 5: Auftriebskurve und metazentrische Kurve eines Schiffes mit rechteckigem Querschnitt. Je nachdem, ob die Wasserlinie zwei benachbarte oder zwei gegenüberliegende Seiten trifft, ist das zugehörige Stück der Auftriebskurve ein Parabel- oder ein Hyperbelstück. Die metazentrische Kurve hat insgesamt 8 Kuspen.

tropische Sonne brannte durch ein Loch in der Decke auf seinen Kopf. Eine breite, aber nur zwei Fuß hohe eichene Klappe trug ein kunstvolles Relief: Eine Venus räkelte sich anmutig, die Füße in einem Wasserfall. Ein Steward hob die Klappe und robbte mit dem Mittagessen herein.

Oh weh, dachte Nemo. Wie soll ich so nur die nächsten 19 999 Meilen durchstehen?

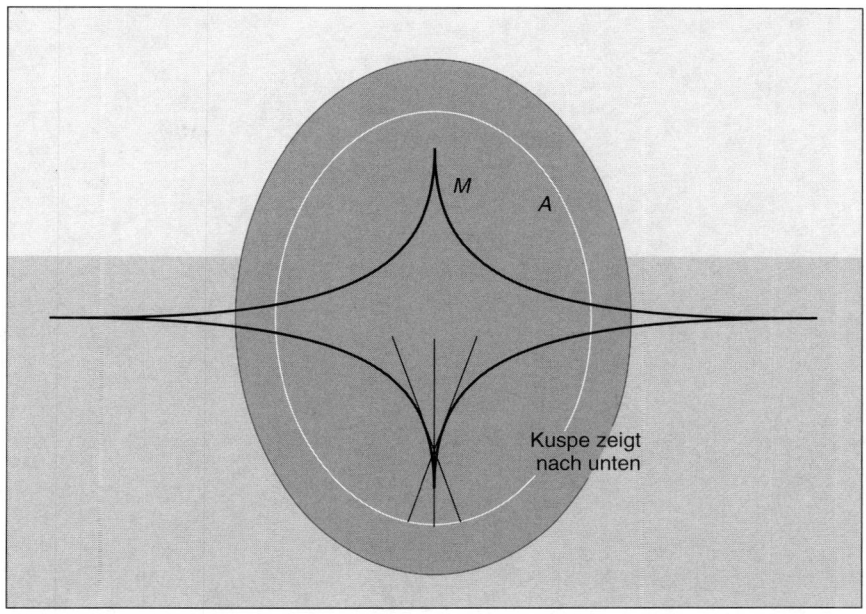

Bild 6: Bei einer hochkant stehenden Ellipse gehört zum Winkel $\alpha = 0$ die untere Kuspe der metazentrischen Kurve. Wenn der Schwerpunkt des Schiffes noch darunter liegt, ist diese Gleichgewichtslage stabil; auch eine Anhebung des Schwerpunktes über die metazentrische Kurve hinweg löst nur Krängen, nicht aber Kentern aus.

Literaturhinweise

Principles of Naval Architecture. Herausgegeben von J. P. Comstock. Society of Naval Architects and Marine Engineers, New York 1967.

Catastrophe Theory and its Applications. Von Tim Poston und Ian Stewart. Pitman, London 1978.

Oh, Catastrophe! Von Ian Stewart. Berlin, Paris 1983.

Catastrophe Theory: Selected Papers (1972–1977). Von E. C. Zeeman. Addison-Wesley, Reading (Massachusetts) 1977.

9
Rettung vor dem Löwen

Ein geschickter Gladiator kann selbst dann mit dem Leben davonkommen,
wenn er nur ebenso schnell zu laufen vermag wie der Löwe, der ihn in der
Arena verfolgt.

Vor seinem Löwengarten,
das Kampfspiel zu erwarten,
saß König Franz,
und um ihn die Großen der Krone,
und rings auf hohem Balkone
die Damen in schönem Kranz.

Und wie er winkt mit dem Finger,
auftut sich der weite Zwinger,
und hinein mit bedächtigem Schritt
ein Löwe tritt
und sieht sich stumm
rings um,

mit langem Gähnen
und schüttelt die Mähnen
und streckt die Glieder
und legt sich nieder.

Friedrich Schiller
„Der Handschuh"

In der Spelunke unter den Rängen des Amphitheaters von Rom wurde wie immer gefachsimpelt. „Aber noch nie haben die Römer ein solches Spektakel erlebt wie gestern", begann Marcus Prassus, der Günstling des Kaisers, eine weitere Geschichte.

„Bitte, ich kann das wirklich nicht mehr hören", unterbrach ihn Carolus Sarrasanus, der Chef des Löwenzirkus, und schüttete hastig noch einen Becher Rotwein in sich hinein.

Prassus beachtete ihn nicht. „Stellt euch vor, Sarrasanus hatte so einen übergeschnappten gallischen Krieger überredet, gegen einen Löwen zu kämpfen. Ich glaube, er heißt Egocentrix. Jedenfalls betritt der Barbar die Arena, der Löwe wird aus dem Käfig gelassen, und die Menge grölt schon wie verrückt, weil sie reichlich Blut fließen sehen will. Aber das Biest blinzelt nur in der Sonne und legt sich hin. Egocentrix nähert sich ihm mit hoch erhobenem Schwert – nichts. Da wird der Kerl übermütig und piekt den Löwen in die Flanke. Der brüllt und springt auf ihn zu. Egocentrix läßt darauf seine Waffe fallen und rennt um sein Leben. Welch ein Tölpel."

„Immerhin kein Feigling", kommentierte Sarrasanus.

„Jedenfalls rannte der Gallier in der Arena herum wie auf heißen Kohlen. Man muß allerdings zugestehen, daß er wesentlich schneller war als der Löwe. Der wurde des Spiels bald müde, rollte sich zusammen und schlief ein. Die Spottrufe der Menge hättet ihr hören sollen! ,Großer Löwenhypnotiseur' war noch das Freundlichste." Alle lachten, bis auf Noblina, die Geometrielehrerin des Kaisers.

Prassus nahm einen Schluck Cerevisia. „Nach den Spielen hörte ich im Vorübergehen Kaiser Scandalus sagen, dieser Kampf sei langweiliger gewesen als eine Sitzung der Gesellschaft der Aquädukt-Ingenieure."

Sarrasanus sah auf einmal sehr blaß aus. „Dann kann ich froh sein, wenn ich nicht an meine Löwen verfüttert werde."

Noblina ergriff das Wort. „Ich glaube, ich weiß, wie man die Kämpfe interessanter machen könnte."

Sarrasanus spuckte auf den Sandboden. „Was versteht eine Frau schon von Tierhatzen!"

Noblina lächelte verzeihend. Männervorurteile dieser Art waren ihr geläufig. „Überleg doch mal. Ein Kampf, bei dem der Krieger schneller laufen kann als der Löwe, ist kein Spektakel. Dafür gibt es einen einfachen geometrischen Beweis."

„Na schön", grummelte Sarrasanus. „Nächste Woche ist Geriatrix an der Reihe, gegen den Löwen zu kämpfen. Der wird ihm kaum davonhumpeln."

„Das ist auch nicht besonders spannend, wenn der Löwe schneller ist als der Gladiator", bemerkte Noblina. „Er beißt einmal herzhaft zu, und alles ist vorbei."

Die Kreis-Strategie

„Also muß Sarrasanus einen Löwen und einen Kämpfer finden, die genau gleich schnell laufen können", folgerte Prassus. „Dann hat keiner einen offensichtlichen Vorteil, und wir werden einen spannenden Kampf erleben."

„Da wäre ich nicht so sicher", wandte Noblina ein. „Was passiert, wenn der Kämpfer es genauso macht wie Egocentrix gestern und stets vor dem Löwen davonläuft, so schnell er kann?"

„Dann läuft der Löwe hinter ihm her", sagte Prassus.

„Und zwar mit derselben Geschwindigkeit, so daß ihr Abstand sich nicht verringert", ergänzte Noblina.

„Das wäre ein bißchen langweilig", stimmte Prassus zu. „Aber der Gladiator kann nicht beliebig weit wegrennen. Irgendwann ist er am Rand der Arena."

„Jetzt wird es interessant", sagte Noblina. „Wenn der Löwe dem Kämpfer in einer kreisförmigen Arena nachjagt und beide mit gleicher, konstanter Geschwindigkeit laufen, kann dann der Löwe den Gladiator immer einholen? Oder kann dieser ihn stets auf Abstand halten, indem er listig seine Richtung verändert?"

„Mir scheint", meinte Prassus nachdenklich, „daß es für den Gladiator nachteilig ist, Haken zu schlagen. Denn dann muß der Löwe seinem Weg nicht folgen, sondern kann Abkürzungen nehmen und auf diese Weise den Abstand verringern."

„Das stimmt", bestätigte Noblina. „Aber wenn der Gladiator keine scharfen Ecken, sondern eine glatte Kurve läuft, dann ist die Richtungsänderung in jedem Moment verschwindend gering."

„Nun", überlegte Prassus, „wenn der Löwe immer zwischen dem Kämpfer und dem Zentrum der Arena bleibt . . ."

„Du meinst, auf dem Radius, der den Gladiator mit dem Kreismittelpunkt verbindet?" fragte die Geometrielehrerin.

„Genau. Stell dir vor, er liefe – unter Einhaltung der Radiusbedingung – einfach auf einem konzentrischen Kreis. Dann ist sein Weg kürzer als der des Gladiators. Also hat er sozusagen noch Zeit übrig, um ihn vom Mittelpunkt zum Rand hin zu treiben, denn er ist stets auf der Innenseite des Gladiators."

„Und bald ist der Gladiator im Innern des Löwen", freute sich Sarrasanus.

Noblina blieb ernst. „Ein ausgezeichneter Vorschlag, Prassus. Aber ist es nicht denkbar, daß der Löwe dem Gladiator nur immer näher kommt, ohne ihn je zu erreichen?"

„So wie Achilles die Schildkröte nie erreicht?"

„Nein, nein. Zenos Paradox ist ein Scheinproblem, unseres aber ein echtes. Der Vorteil des kürzeren Weges wird nämlich immer geringer, je weiter außen der Löwe ist. Hmmm . . . Nehmen wir der Einfachheit halber an, der Kämpfer bewege sich auf einem Kreis. Dann kann der Löwe auf einem Kreis mit halbem Radius laufen, der den großen von innen tangiert."

Noblina zeichnete mit ihrem Cocktail-Spießchen eine Skizze in den Sandboden (Bild 1 oben). „Aus der elementaren Geometrie folgt, daß entsprechende Bögen auf den beiden Kreisen gleich lang sind. In diesem Fall kann der Löwe den Gladiator in endlicher Zeit erreichen."

„Elementare Geometrie", knurrte Sarrasanus und wischte mit einer unwirschen Fußbewegung die Zeichnung weg. „Nicht einmal ein Gallier ist so dumm, seine Richtung beizubehalten, wenn ihm ein brüllender Löwe auf den Fersen ist. Er wird kehrtmachen."

„Störe meine Kreise nicht", wies Noblina ihn zurecht und zeichnete geduldig eine neue Skizze (Bild 1 unten). „Der Löwe kann ebensogut kehrtmachen. Er spiegelt seinen Weg einfach an dem entsprechenden Radius. Sarrasanus, du mußt einen Löwen finden, der genauso schnell läuft wie dein bester Kämpfer, und ihn so trainieren, daß er auf der Jagd stets auf dem gleichen Radius bleibt wie der Gladiator. Erst wird es ein aufregendes Hin und Her geben und schließlich den Kampf."

„Kleinigkeit", seufzte Sarrasanus und torkelte, von Wein und Kreisen benommen, aus der Kneipe.

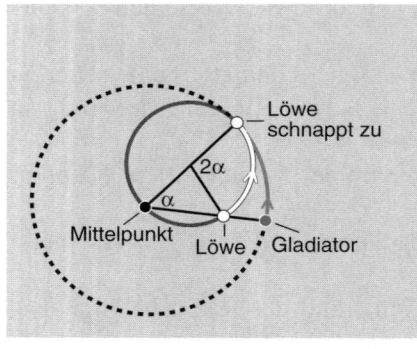

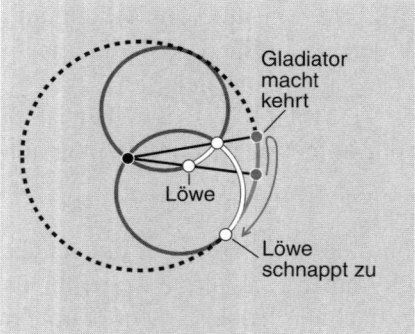

Bild 1: Wenn ein Gladiator mit konstanter Geschwindigkeit auf einem Kreis läuft, kann ein Löwe, der sich anfangs im Inneren des Kreises befindet und genau so schnell laufen kann, ihn stets einholen (oben). Zu diesem Zweck bewegt sich der Löwe auf dem eindeutig bestimmten inneren kleinen Kreis mit dem halben Radius, der einerseits durch den gegenwärtigen Standpunkt des Löwen, andererseits durch den Mittelpunkt des Gladiatorkreises verläuft. Insbesondere berühren sich beide Kreise in einem Punkt. Nach dem Satz vom Umfangswinkel überstreicht der Weg des Löwen bis zum Berührpunkt, verglichen mit dem des Gladiators, den doppelten Winkel bei halbem Radius, ist also genau gleich lang. Wenn der Gladiator kehrtmacht, findet der Löwe seinen neuen Weg, indem er die ganze Figur an dem Radius durch den Umkehrpunkt spiegelt (unten).

Squiralen

Bis zu den nächsten Spielen waren es nur noch sieben Tage. Sarrasanus maß die Geschwindigkeit seiner Löwen, bis er einen gefunden hatte, der genauso schnell laufen konnte wie Egocentrix. Dann trainierte er das Tier in aller Eile. Jedesmal, wenn der Löwe radial synchron auf die Pirsch ging, gab er ihm einen Happen frisches Gazellenfleisch zur Belohnung. Am siebenten Tag war der Löwe besser in Form als die meisten Gladiatoren.

Voller Stolz heuerte Sarrasanus drei zusätzliche Herolde an, um den Kampf anzukündigen. Eine riesige Menschenmenge fand sich im Amphitheater ein. Egocentrix betrat die Arena und verbeugte sich in Richtung auf die Kaiserloge. Der Löwenkäfig wurde mit einem Kran in der Mitte der Arena abgesetzt. Kaum freigelassen, machte sich die Raubkatze geradewegs auf zu ihrem Opfer. Der Gladiator stieß einen Schrei aus und begann, rechtwinklig zur Richtung des Löwen davonzulaufen. So wie er dressiert war, wendete sich der Löwe ein wenig und folgte ihm so, daß er stets auf dem gleichen Radius blieb. Als Egocentrix dies bemerkte, änderte er seine Richtung abermals, so daß er wieder rechtwinklig zur radialen Verbindungslinie lief. Der Löwe paßte sich dem wie zuvor an und holte auf, allerdings immer langsamer (Bild 2).

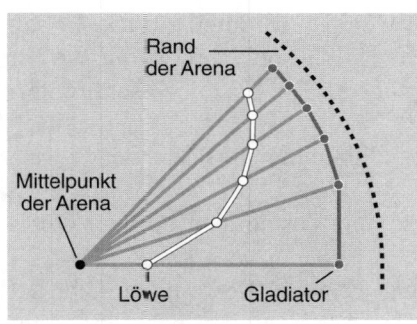

Bild 2: Eine Strategie, mit der ein Gladiator dem Löwen entkommen kann, basiert auf der Squirale. Der Gladiator sucht die Linie zum Mittelpunkt der Arena und läuft eine kurze Strecke senkrecht dazu. Dieses Verfahren wendet er wiederholt an, wobei die Länge des n-ten Wegstücks gleich der Länge des ersten mal $n^{-(3/4)}$ ist.

„Was macht der verrückte Gallier bloß?" fragte Prassus.

„Keine Ahnung", antwortete Sarrasanus. „Aber der Löwe hat gut gelernt."

Noblina schlug sich an die Stirn. „Natürlich! Egocentrix folgt einer Squirale – einer Spirale, die aus aufeinanderfolgenden Geradenstücken besteht, jedes im rechten Winkel zum Radius. Man kann mit einem einfachen geometrischen Argument zeigen, daß der Löwe, wenn er stets auf der Verbindungsgeraden zwischen Mittelpunkt und Gladiator bleibt, diesen in keinem der Segmente einholen kann. Er wird ihn also überhaupt nicht einholen, sondern ihm nur beliebig nahe kommen."

„Aber wenn der Gladiator immer nach außen – äh – squiralisiert, dann muß er doch irgendwann an den Arenarand stoßen", wandte Prassus ein.

„Nicht unbedingt", erklärte Noblina. „Wenn die radiale Komponente der Bewegung immer kleinere Strecken durchmißt, erreicht er die Wand unter Umständen nie. Ich denke an eine Summe wie $1 + 1/2 + 1/4 + 1/8 + \ldots$, die niemals größer als 2 wird, einerlei wieviele Summanden man addiert."

„Aber dann bleibt die Komponente der Bewegung entlang des Arenarandes doch sicherlich auch unterhalb einer bestimmten Schranke", sagte Prassus. „Der Löwe hätte ihn dann trotzdem bald eingeholt."

„Ich fürchte nein", erwiderte Noblina. „Wenn zum Beispiel die Länge des n-ten Segments auf dem Weg proportional zu $n^{-(3/4)}$ ist, das ist die vierte Wurzel aus der dritten Potenz des Kehrwerts von n, dann kann man ausrechnen, daß die Entfernung vom Mittelpunkt beschränkt bleibt, während die Länge der Kurve beliebig zunehmen kann. Egocentrix wird, wenn er bei seiner Strategie bleibt, heute weder an den Arenarand stoßen noch den Kampf aufnehmen müssen."

Ein Bote tippte Sarrasanus auf die Schulter. „Der Kaiser wünscht dich zu sprechen."

Allgemeine Strategie

Der Chef des Löwenzirkus kam schon nach wenigen Minuten zurück. Er sah sehr blaß aus. „Noblina, du mußt mir helfen! Ich soll den Löwen wieder umtrainieren, so daß er seinen eigenen Neigungen folgt. Und noch schlimmer: Nächste Woche bin ich selbst der Gladiator!"

„Wirklich schade, daß du nur genauso schnell laufen kannst wie der Löwe", sagte Noblina voll Mitleid.

„Der Wille der Götter. Ich weiß, ich hätte den Vestalinnen größere Opfer bringen müssen . . . Noblina, bitte!"

„Du darfst zwar nicht einer Squirale folgen, wenn der Löwe nicht mehr auf das starre Schema dressiert ist; er würde Abkürzungen nehmen. Aber vielleicht können wir noch etwas tun . . ."

Eine Woche später war das Amphitheater zum Bersten gefüllt. Noblina und Prassus waren Gäste in der Kaiserloge. „Ich glaube, das wird mir gefallen", freute sich Kaiser Scandalus.

„Sarrasanus wird bestimmt den Löwenanteil zu unserem Vergnügen beitragen", erwiderte Prassus maliziös grinsend. Das wieder rücktrainierte Biest wurde losgelassen. Sarrasanus startete im rechten Winkel zu der Linie, die ihn mit dem Löwen verband. Der suchte ihm tatsächlich den Weg abzuschneiden und lief ungefähr dahin, wo er den freßbaren Zweibeiner demnächst erwartete. Sarrasanus behielt seinen Kurs eine kleine Weile bei, änderte dann aber plötzlich die Richtung – wieder im rechten Winkel zu der Linie, die ihn mit dem Löwen verband.

„Das wird er nicht lange durchhalten", rief Scandalus und rieb sich voller Vorfreude die Hände. „Sobald er einsieht, daß er dem Löwen nicht entkommen kann, muß er stehenbleiben. Dann geht es Schwert gegen Pranke."

Noblina hingegen beobachtete gespannt, ob Sarrasanus die neue Strategie befolgte, die sie ihm beigebracht hatte (Kasten): Wie Egocentrix sollte er zunächst im rechten Winkel zu der Geraden laufen, die ihn mit dem Löwen verband, bis sein Weg den Radius parallel zu dieser Linie schnitt; dann aber

Eine Fluchtstrategie

Ein Gladiator kann einen Löwen stets auf Abstand halten, wenn er genauso schnell läuft wie dieser und sich an folgende Strategie hält. Der Gladiator befinde sich zu Beginn im Punkt G_1, der Löwe in L_1.

Erster Zug

Der Gladiator läuft senkrecht zu der Linie $G_1 L_1$, bis er den Schnittpunkt P_1 seines Weges mit dem Radius erreicht, der zu $G_1 L_1$ parallel ist.

Weitere Züge

Der Gladiator läuft senkrecht zu der Verbindungsgeraden von G_n und L_n bis zum Schnittpunkt P_n mit dem Radius, der zu dieser Verbindungsgeraden parallel ist, und über diesen Punkt hinaus so weit, wie das $n$te Segment der Squirale lang ist. Wenn er diese Strategie verfolgt, wird der Löwe ihm zwar immer näher kommen, ihn aber nicht erreichen.

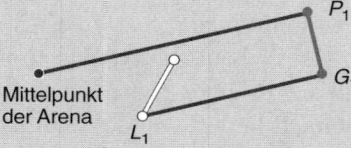

Mittelpunkt der Arena

Zweiter Zug

Der Gladiator läuft über P_1 hinaus um eine Strecke, die genauso lang ist wie das erste Segment der Squirale (vergleiche Bild 2). Währenddessen erreicht der Löwe den Punkt L_2.

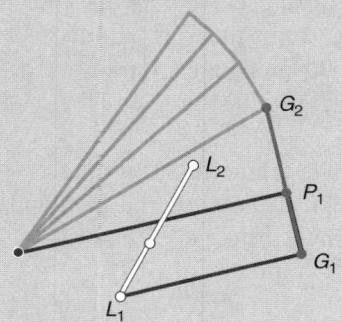

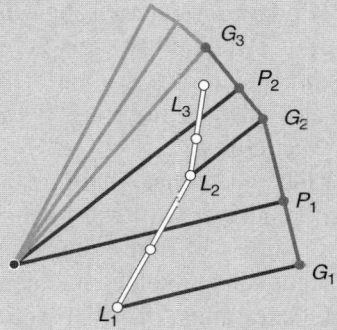

sollte er dieselbe Richtung beibehalten, und zwar für eine Strecke, die so lang war wie das erste Segment der Squirale. Erst dann sollte er sich umschauen und wieder die Richtung im rechten Winkel zur Verbindungslinie zwischen sich und dem Löwen einschlagen, dieser ebenfalls bis zum Schnittpunkt mit dem parallelen Radius folgen und weiter um die Strecke mit der Länge des zweiten Segments der Squirale. Und so immer fort.

Vor dem Kampf hatte Noblina bewiesen, daß diese Strategie funktionieren würde. Sarrasanus konnte von dem Löwen auf keinem der geraden Wegsegmente gefangen werden; sein Weg blieb innerhalb der Begrenzungen der Arena, und die Gesamtlänge konnte beliebig groß werden.

Der mit dem Leben davongekommene Sarrasanus fiel Noblina voll Dankbarkeit um den Hals. „Deine Künste sind wie ein Zauber!"

Prassus erschien. „Preis und Dank unserem großen Löwenbändiger! Deine Vorstellung war so großartig, daß der Kaiser entschieden hat, sie gleich nächste Woche zu wiederholen."

„Ach", lächelte Sarrasanus matt, „den Dank begehr' ich nicht. Ich würde mich lieber auf dem Höhepunkt meiner Karriere zurückziehen..."

„Diesmal gegen zwei Löwen."

Sarrasanus blickte Noblina flehend an. „Ich fürchte, dann bist du ein toter Mann", sagte die Lehrerin. „Es sei denn, der Kaiser baut die Arena um und erweitert sie um eine dritte Dimension, so daß sie zu einer Kugel wird. Man kann zeigen, daß n Löwen, die alle genauso schnell laufen wie der Gladiator, ihn in einer n-dimensionalen Kugel stets fangen können. Aber $n - 1$ Löwen muß das nicht gelingen, wenn sich der Kämpfer geschickt bewegt. Vielleicht ist es auch ein Ausweg, wenn ich den Kaiser dazu überrede, einige Hindernisse in dieser Arena zu plazieren, hinter denen du Schutz suchen könntest."

„Würde das wirklich helfen?" fragte Sarrasanus.

„Das ist nicht ganz klar. Ein einzelner Löwe kann dich nicht fangen, wenn du das Hindernis stets zwischen dich und ihn bringst. Aber ob es eine gute Taktik gibt, zwei Löwen stets zu entkommen, wenn mehrere Hindernisse in der Arena stehen, das ist eine offene Frage. Du mußt alles daransetzen, die Lösung zu finden, Sarrasanus. Wenn es Juno gefällt, hast du eine Überlebenschance. Viel Glück!"

„Aber ich habe keine Ahnung von Geometrie", jammerte Sarrasanus.

„Dein Schicksal. Du hättest schon in der Schule erkennen müssen, daß die Geometrie dir eines Tages von Nutzen sein könnte", rügte die Lehrerin.

„Wie hätte ich auf solch eine lächerliche Idee kommen sollen?"

„Weil, Sarrasanus, die Welt seit den Tagen des großen Archimedes weiß, daß die Geometrie nicht ein bloßes Spiel mit Kreisen im Sand ist, sondern Aussagen über echte Kampfmaschinen, Amphitheater und Löwen machen kann."

Literaturhinweis

Littlewood's Miscellany. Herausgegeben von Béla Bollobás. Cambridge University Press, 1986.

10
Kann man die Form eines Trommelfells hören?

Es gibt Pauken, deren Form man am Klang nicht unterscheiden kann; oder:
Die Geschichte vom Trauerspiel um einen Trauermarsch und ihr glückliches
Ende.

Das Bühnenbild zeigte eine überwältigende Szene: das Rheintal im Mondlicht. Im Graben probte das Orchester Richard Wagners „Götterdämmerung". Die Handlung hatte den tragischen Tod Siegfrieds erreicht, und der Dirigent Otto Klimperer hob den Taktstock zum Beginn des Trauermarschs. Die Pauken begannen allein, mit einem komplizierten, sich wiederholenden Rhythmus auf einem tiefen Cis . . .

„Nein, nein, und nochmals nein!" brüllte Klimperer und warf den Taktstock auf den Boden. „So nicht, ihr Schwachköpfe!"

Der erste Pauker war so unvorsichtig, zu protestieren. „Aber Maestro, der Rhythmus war absolut prä . . ."

„Ach was, Rhythmus!"

„Das Tempo war genauso, wie es die Partitur vor . . ."

„Ich beschwere mich nicht über das Tempo!" schrie der Dirigent.

„Der Ton war ein sauberes Cis . . ."

„Ton? Ton? Natürlich war die Tonhöhe genau richtig! Das habe ich schon beim Stimmen gehört! Ich habe ein außerordentlich genaues Gehör und ein präzises Empfinden für die Tonhöhe!"

„Ja aber, was . . ."

„Der Klang, Sie Hornochse! Der Klang!"

Der erste Pauker war verwirrt. „Ich habe nichts Ungewöhnliches gehört."

„Natürlich nicht. Sie haben eben nicht meine Hörfähigkeiten! Eine der Pauken klang . . . falsch."

„Falsch, Herr Klimperer? In welchem Sinne?"

Das war schwer zu sagen. Klimperer versuchte zu beschreiben, was er gehört hatte. „Sie klang zu . . . na ja . . . zu quadratisch. Eine Pauke hat normalerweise einen runden Klang. Aber eine – nun, eine klingt eckig."

Der erste Pauker hatte Mühe, sich ein Grinsen zu verkneifen. „Sie wollen doch nicht etwa sagen, daß Sie die Form einer Pauke hören können?"

„Ich habe gehört, was ich gehört habe", erwiderte der Dirigent nachdrücklich. „Eine Pauke ist zu eckig."

„Das stimmt", ertönte eine dünne Stimme aus der Tiefe des Orchestergrabens. „Meine Pauke ist quadratisch. Herr Klempner hat darauf bestanden." Oskar Klempner war der Bühnenbildner.

„Und warum, zum Teufel?"

„Da müssen Sie ihn selber fragen. Ich habe nicht die geringste Ahnung." Klimperer klappte angewidert seine Partitur zu. Bühnenbildner, die sich in musikalische Angelegenheiten mischen! „Sie können eine Pause machen, während ich mich mit Herrn Klempner unterhalte."

Kann man die Form einer Pauke hören?

Der Zorn des Dirigenten traf den Bühnenbildner in der Kantine. Nachdem das erste Gebrüll wegen Sauerstoffmangels erstickt war, fand man sich zu einer sachlichen Besprechung bereit.

„Hochverehrter Herr Klimperer, das ist von entscheidender Wichtigkeit für das ganze Bühnenkonzept! Wenn alle Pauken dieselbe Form hätten, dann gäbe es keinerlei Variation. Die ganze Szenerie, alle Kostüme, alle Bühnenrequisiten stehen im Dienste der großen Aussage: Nieder mit der Gleichheit, Preis der Vielfalt! Darum haben wir die Hälfte der Violinen blau lackiert und drei Posaunen miteinander verlötet!"

„Ist mir nicht aufgefallen", gab der Dirigent zu.

„Nein, weil das den Klang nicht beeinflußt hat. Sie haben das genaueste Gehör der Welt, Maestro, aber sehen – na ja, Ihre Kurzsichtigkeit . . ."

„Immerhin konnte ich hören, daß eine Pauke quadratisch ist."

„Das ist höchst erstaunlich."

„Es hat mit den Obertönen zu tun", erklärte Klimperer. „Zu rein, würde ich sagen. Ein gewisser Mangel an Harmonie ist charakteristisch für die Obertöne einer Kesselpauke. Es muß an den Bessel-Funktionen liegen."

„Kesselfunktionen?" fragte Klempner.

„Bessel-Funktionen, nach dem Königsberger Astronomen und Mathematiker Friedrich Wilhelm Bessel (1784 bis 1846). Ich habe bei dem großen Professor Justus Klingel Musiktheorie gelernt, und der verlangte, daß ich eine große Menge alter mathematischer Arbeiten studierte." Noch in der Erinnerung schüttelte sich Klimperer vor Ekel; aber er fuhr tapfer fort: „Wenn eine Pauke angeschlagen wird, dann erklingen mehrere Töne gleichzeitig, entsprechend den verschiedenen Schwingungsformen der Paukenmembran, den Moden. Jeder dieser Töne hat eine bestimmte Tonhöhe. Für eine kreisförmige Pauke hat der Schweizer Mathematiker Leonhard Euler (1707 bis 1783) das Schwingungsspektrum berechnet, das sind die Tonhöhen oder, physikalisch gesagt, die Frequenzen der Moden. Dabei benutzte er gewisse mathematische Objekte, eben die Bessel-Funktionen, mit ihren charakteristischen Knoten" (Bild 1 oben).

„Wo sind Knoten im Trommelfell?"

„Das sind die Stellen, an denen die Membran nicht schwingt. Bei einer kreisförmigen Pauke sind die Knotenlinien Durchmesser oder konzentrische Kreise. Bei einer quadratischen Pauke treten Sinus- und Cosinusfunktionen an die Stelle der Bessel-Funktionen" (Bild 1 unten). Klimperer fuhr fort: „Aber auf diesen Kleinkram kommt es mir nicht an. Sollen die Pauken schwingen, wie sie wollen – klingen müssen sie gleich!"

„Dann haben wir immer noch ein Problem", entgegnete Klempner mit finsterem Brüten. „Ich will wenigstens zwei Pauken verschiedener Form haben. Sie wollen, daß alle Pauken dasselbe Spektrum haben. Die Frage ist also, ob zwei verschieden geformte Pauken genau gleich klingen können."

„Glaube ich nicht. Das menschliche Gehör ist so fein – vor allem meines –, daß es zwei verschiedene Pauken an ihrem Klang erkennen kann, die Form einer Pauke hören, sozusagen."

Klempner schreckte hoch. „Moment mal! Davon hat mir ein flüchtiger Bekannter erzählt. Verschrobener Kerl. Aber angeblich ist das ein sehr berühmtes mathematisches Problem. Marc Kac hat es im Jahre 1966 gestellt."

„Und wie lautet die Antwort?"

„Keine Ahnung. Aber ich kann mich ja mal erkundigen."

„Das würde ich Ihnen dringend empfehlen. Ohne gleichklingende Pauken gibt es keine Götterdämmerung", versetzte Klimperer und entschwand.

Inverse Probleme

Die Frage „Can one hear the shape of a drum?" hatte Marc Kac (1914 bis 1984), Mathematiker an der Rockefeller-Universität in New York, als Titel einer berühmt gewordenen Arbeit gewählt. Sie ist viel wichtiger, als die merkwürdige Formulierung vermuten läßt.

Das Spektrum eines schwingenden Gegenstandes ist die Liste der Frequenzen (Tonhöhen), mit denen er schwingen kann. Damit läßt sich die Frage etwas wissenschaftlicher so formulieren: Welche Informationen über die Gestalt eines Körpers kann man aus seinem Schwingungsspektrum herleiten? Bei einem Erdbeben vibriert die ganze Erde wie eine Glocke, und die Seismologen können aus diesen Schwingungen sowie daraus, wie die Wellen um die Erde herumlaufen und an den Grenzen von Gesteinsschichten reflektiert werden, viel über die innere Struktur unseres Planeten entnehmen. Die Frage von Kac bezieht sich auf den einfachsten und übersichtlichsten Fall dieses Rekonstruktionsproblems; und da ist sie schon schwierig genug.

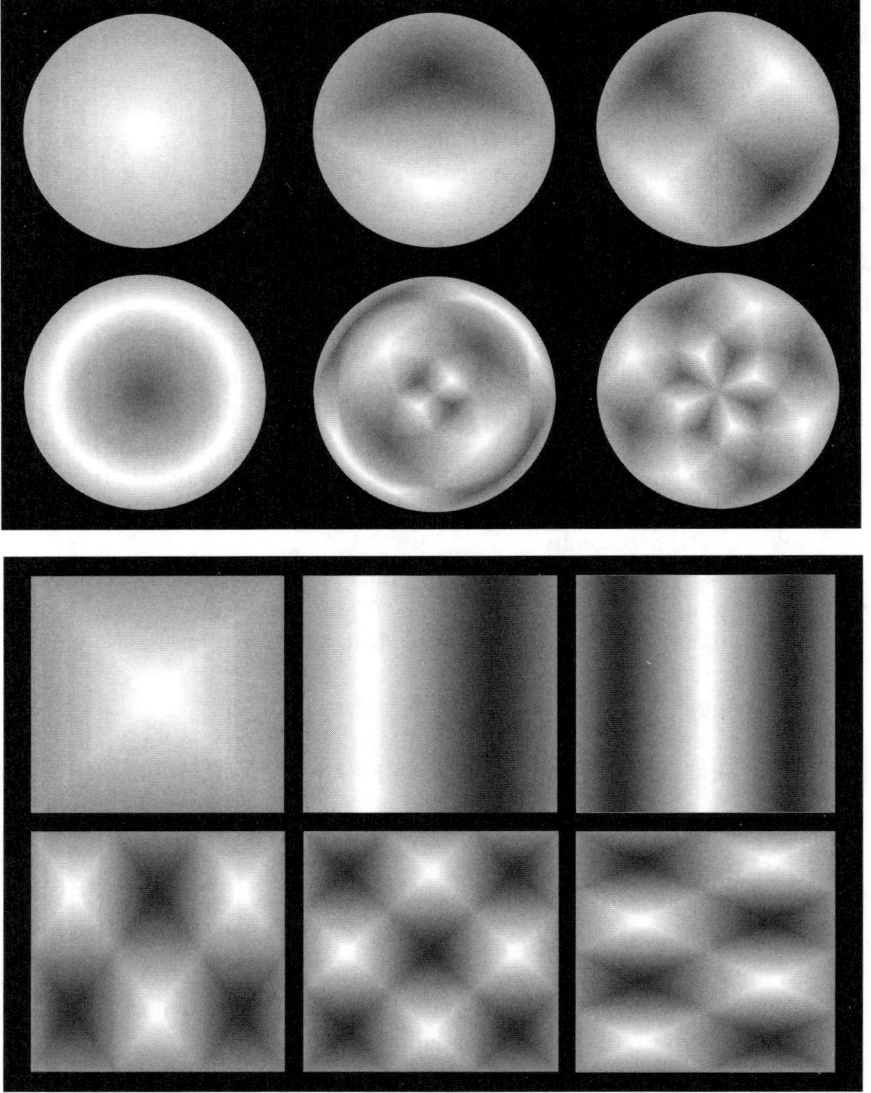

Bild 1: Schwingungsmoden einer kreisförmigen (oben) und einer quadratischen Membran (unten). Helle Farbtöne kennzeichnen die Auslenkung nach oben, dunkle die nach unten. Die Knotenlinien der Kreismembran sind Durchmesser und konzentrische Kreise, die der quadratischen parallel zu den Seiten des Quadrats.

Kac zeigte, daß einige Eigenschaften einer Pauke tatsächlich aus ihrem Klang hervorgehen, beispielsweise der Flächeninhalt der Membran und ihr Umfang. „Ich persönlich glaube, daß man die Form nicht ‚hören' kann . . .

Aber ich irre mich vielleicht und würde weder auf das eine noch auf das andere große Summen wetten", schrieb er. Das Problem ist nur die Spitze eines mathematischen Eisbergs; darunter schlummern weitreichende Verzweigungen und mehr ungelöste Probleme als Antworten.

Am Morgen danach schilderte Klempner Klimperer bei Kaffee und Krapfen die Ergebnisse seiner Recherchen.

„Ich bin auf eine obskure Aufzeichnung gestoßen, die uns vielleicht weiterhilft", sagte er. „Dennis DeTurck von der Universität von Pennsylvanien in Philadelphia hat 1989 auf einer Tagung der American Mathematical Society in Birmingham (Alabama) mit Hilfe eines Computers vorgespielt, wie das Stück ‚Alabama Jubilee' auf einem sogenannten flachen Torus klingen würde."

„Was soll das heißen?"

„Auf einer Parallelogramm-Membran mit periodischen Randbedingungen."

„Wie bitte?"

„Außerdem führte DeTurck ein Quartett vor, in dem jedes Instrument in einem anderen projektiven Raum spielt: über den reellen und den komplexen Zahlen, den Quaternionen und den Cayley-Zahlen, oder auch: auf Kugelschalen der Dimensionen 1, 2, 6 und 12."

„Ach so", sagte Klimperer. „Sphärenharmonien."

„Na ja, nicht gerade", erwiderte Klempner. „Carolyn Gordon von der Washington-Universität in St. Louis (Missouri) bemerkte im ‚Mathematical Intelligencer', daß die Zuhörer vielleicht erleichtert waren zu hören, daß flache Tori und niederdimensionale projektive Räume durch ihre Spektren vollständig bestimmt sind. Keine zwei davon erzeugen denselben entsetzlichen Klang. Der Ausgabe des ‚Intellicencer' lag eine Schallplatte mit weiterer von DeTurck gespielter Musik bei, so auch der Romanze aus Ludwig van Beethovens Sonatine in G-Dur, gespielt auf einer sechsdimensionalen Kugel."

„Das ist ja alles ganz nett, Herr Klempner", erwiderte Klimperer; „aber es löst nicht unser Problem, ob es zwei verschieden geformte, aber gleich klingende Pauken gibt."

„Nein, aber es ist doch ein Anfang. Wie kommen die Proben voran?"

„Ausgezeichnet. Alles bis auf den Trauermarsch. Ich weigere mich, ihn mit einer quadratischen Pauke zu proben."

Klempner seufzte. „Vielleicht packen wir das Problem am falschen Ende an. Die Frage von Kac ist das, was die Mathematiker ein inverses Problem nennen: Gegeben die Antwort, was war die Frage? Das direkte Problem ist viel einfacher: Gegeben die Gestalt eines Objektes, wie kann es schwingen?"

„Das verstehe ich schon eher", sagte Klimperer. „Wie wäre es mit Geigen?"

„Pauken."

„Psst. Im Jahre 1714 hat der britische Mathematiker Brook Taylor (1685 bis 1731) – ja, der, nach dem die Taylor-Reihe benannt ist – die Grundfrequenz einer Geigensaite in Abhängigkeit von ihrer Länge, Spannung und Dichte bestimmt. Das Ergebnis ist $\sqrt{T/\sigma}/2l$, wobei T die Spannung, σ die Dichte und l die Länge bezeichnen. Aber sie kann auch mit höheren Frequenzen schwingen. Das sind in diesem Fall ganzzahlige Vielfache der Grundfrequenz, wie schon die alten Griechen wußten. Aus Taylors Arbeit folgt insbesondere, daß man die Länge einer Saite aus ihrer Grundfrequenz berechnen kann, wenn die Spannung und die Dichte bekannt sind. Man kann also die Länge einer Geigensaite hören", schloß der Dirigent.

Die Wellengleichung

„Das sieht schlecht aus", erwiderte Klempner. „Geigen sind im wesentlichen in einer Dimension das, was Pauken in zweien sind. Gut, daß ich sie nur lackiert habe . . ."

Die Eigenschwingungen einer Saite sind stehende Wellen, das heißt, ihre Form ändert sich nur durch Dehnung und Stauchung in der Richtung senkrecht zur Saite. An einigen Punkten, den Knoten, ist die Saite stets in der Ruhelage. Die maximale Auslenkung, die Amplitude der Welle, bestimmt die Lautstärke des Tons. Die Wellen haben nicht nur sinusförmige Gestalt; auch ihre Änderung in der Zeit folgt einer Sinusfunktion. Sie heißen reine Schwingungen oder Normalmoden, weil man ihnen jeweils eine einheitliche Frequenz zuschreiben kann.

Klimperer fuhr fort: „Der französische Mathematiker und Philosoph Jean le Rond d'Alembert (1717 bis 1783) zeigte 1746, daß die volle Wahrheit nicht so einfach ist. Eine Geigensaite muß nicht unbedingt sinusförmig schwingen."

„Wie sonst?"

„Beliebig. Genauer gesagt, man darf der Saite irgendeine Anfangsform geben, und wenn man Reibung, Energieübertragung an die Luft und den Korpus und solche Dinge vernachlässigt, wird sich die Anfangsform periodisch wiederholen. Aber zwischendurch sieht die Saite vielleicht ganz anders aus. Wie auch immer, auf d'Alemberts Entdeckung hin hat Euler das Problem als mathematische Gleichung, die Wellengleichung, formuliert und gelöst. Es dauerte noch ein weiteres Jahrhundert, bis sich die Mathematiker einig waren, daß man die Normalmoden als Grundbausteine verwenden kann, um alle möglichen Schwingungen einer Saite – das heißt Lösungen der Wellengleichung – zu erzeugen: Solche Schwingungen entstehen durch Überlagerung (Superposition) von endlich oder unendlich vielen Normalmoden in geeigneten Proportionen."

„Hat denn irgend jemand sich mit schwingenden Membranen beschäftigt?"

„Die erste Arbeit darüber stammt aus dem Jahre 1759, ebenfalls von Euler", antwortete Klimperer. „Auch dafür leitete er eine Wellengleichung her, welche die zeitliche Änderung in der vertikalen Auslenkung der Paukenmembran beschreibt. Sie drückt die physikalische Tatsache aus, daß die Beschleunigung, die auf ein kleines Stückchen Trommelfell wirkt, proportional zur mittleren Spannung ist, die durch alle benachbarten Membranteile ausgeübt wird. Im Gegensatz zu Saiten sind Trommelfelle nicht nur zweidimensional, sondern der Rand, in den sie eingespannt sind, ist auch viel interessanter" (vergleiche „Sophie Germain", Spektrum der Wissenschaft, Februar 1992, Seite 80).

In dieser Problemklasse ist der Rand von entscheidender Bedeutung, jene vorgegebene geschlossene ebene Kurve, längs der das schwingende Objekt fixiert ist. (Normalerweise denkt man an eine glatte Kurve, aber heutzutage darf sie auch fraktal sein.) Diese sogenannte Dirichletsche Randbedingung – benannt nach dem deutschen Mathematiker Peter Lejeune Dirichlet (1805 bis 1859) – schränkt die Schwingungsmöglichkeiten erheblich ein. Auch eine Geigensaite unterliegt einer Randbedingung: Die beiden Enden müssen fest eingespannt sein; dadurch werden unter anderem fortschreitende (die Saite entlangwandernde) Wellen ausgeschlossen.

Die Mathematiker des 18. Jahrhunderts konnten die zweidimensionale Wellengleichung für verschiedene Randkurven lösen. Wieder fanden sie, daß sich alle Schwingungen aus einfacheren Normalmoden mit jeweils charakteristischen Frequenzen zusammensetzen lassen. Der einfachste Fall ist der einer rechteckigen Membran; hier sind die Normalmoden Kombinationen sinusförmiger Wellen in zwei zueinander senkrechten Richtungen (Bild 1 unten). Bei der kreisförmigen Membran werden die Normalmoden durch kompliziertere Ausdrücke beschrieben, die erwähnten Bessel-Funktionen (Bild 1 oben). Ihre Amplituden variieren immer noch sinusförmig in der Zeit, aber die räumliche Struktur ist komplizierter.

Die gedachten Membranen DeTurcks liegen in abstrakten Räumen; gleichwohl kann man für sie eine Wellengleichung formulieren. Im Falle des flachen Torus ist die Wellengleichung sogar die gleiche wie bei der gewöhnlichen Membran; der Unterschied zeigt sich nur in der Gestalt der Randbedingungen.

Pauken in exotischen Räumen

Die beiden Künstler trafen sich zum Abendessen wieder. „Mein Informant hat mir die Wellengleichung erklärt", berichtete Klempner. „Ich schätze, die ist enorm wichtig."

„Was Sie nicht sagen", erwiderte Klimperer grinsend. „Wellen kommen nicht nur bei der Vibration von Musikinstrumenten vor, sondern auch bei der Fortpflanzung von Licht und Schall. Euler fand eine dreidimensionale Form der Wellengleichung, die er auf Schallwellen anwandte. Ungefähr ein Jahrhundert später leitete der schottische Physiker James Clerk Maxwell (1831 bis 1879) denselben mathematischen Ausdruck aus seinen Gleichungen für den Elektromagnetismus her und sagte die Existenz von Radiowellen voraus. Ohne die frühen Arbeiten der Mathematiker über Musikinstrumente hätten wir heute kein Fernsehen."

„Toll", sagte Klempner und beeilte sich, seine neuerworbenen Erkenntnisse weiter auszubreiten. „Das Spektrum einer zweidimensionalen, homogenen, in einer Randkurve eingespannten Membran besteht im allgemeinen aus einer unendlichen Zahlenfolge $v_1 \leq v_2 \leq v_3 \ldots$, wobei die kleinste Zahl v_1 die Grundfrequenz ist. Der Beweis dieser Behauptung war schwierig, ist aber schließlich gelungen. Anders als bei der Geigensaite müssen aber die höheren Frequenzen keine ganzzahligen Vielfachen der Grundfrequenz sein" (siehe „Die Physik der Pauke", Spektrum der Wissenschaft, Januar 1983, Seite 56).

„Sehen Sie, und deswegen haben Glocken und Pauken ihren besonderen Klang, der nicht so ganz harmonisch im üblichen Sinne ist."

„Genau! Wissen Sie was? Ich glaube, wir liegen auf derselben Wellenlänge."

„Schön wär's", entgegnete der Dirigent traurig, „aber Sie wollen zwei Pauken mit verschiedenen Wellenlängen und ich nicht."

„Nein, nein, nur mit verschiedener Form. Verzagen Sie nicht! Ich habe einen Hinweis auf eine Lösung unseres Problems gefunden. Im Jahre 1964 hat John Milnor in einer Arbeit von nur einer Druckseite zwei verschiedene sechzehndimensionale Tori mit gleichen Schwingungsspektra konstruiert."

„Was zum Teufel sind Tori?"

„Verallgemeinerte Krapfen. Oder Fahrradschläuche."

„Wundervoll. Soll der Pauker Siegfrieds Trauermarsch auf sechzehndimensionalen Krapfen schlagen?"

„Keine Panik, großer Meister. Irgendetwas wird uns schon einfallen. Ich fürchte allerdings, Sie werden auf kreisförmige Pauken verzichten müssen."

„Was haben Sie denn gegen die einzig normale Paukenform einzuwenden?"

„Kac selbst hat bewiesen, daß Flächeninhalt und Umfang einer Membran aus dem Spektrum hervorgehen. Also kann man hören, ob eine Pauke kreisrund ist oder nicht. Denn ein Kreis hat bei gegebener Fläche den kleinsten Umfang. Wenn man also aus dem Spektrum die Fläche F und den Umfang U ermittelt hat und sich herausstellt, daß $U^2 = 4\pi F$ gilt (wie das für den Kreis der Fall ist), dann muß die Pauke kreisförmig sein."

„Daher der runde Klang der Pauken."

„Sie sagen es. Kac vermutete auch eine Formel, aus der folgt, daß man die Anzahl der Löcher in einem Trommelfell hören kann."

„Dummes Zeug! Eine Pauke mit einem Loch klingt überhaupt nicht mehr."

„Doch! Die Ränder der Löcher gelten als Teil des Randes; also ist an diesen Stellen die Membran auch eingespannt."

„Ach so."

„Mein Informant hat auch noch bessere Neuigkeiten für uns. Toshikazu Sunada fand 1985 eine Bedingung, die zwei verschiedene Formen erfüllen müssen, wenn sie das gleiche Spektrum haben sollen. Daraufhin fanden Peter Buser, Robert Brooks und Richard Tse zwei verschiedene nicht-ebene Flächen mit dem gleichen Spektrum. Wir könnten also Glocken statt Pauken verwenden!"

Klimperer schüttelte seinen Kopf. „Das ist ein Trauermarsch, kein Hochzeitsmarsch. Glocken! Unmöglich!"

„Aber wenn Sie vielleicht einen Kompromiß ..."

„Der große Otto Klimperer macht niemals Kompromisse!" Der Dirigent erhob sich. „Lassen Sie von mir aus Ihren Informanten die Nacht durcharbeiten! Wenn Sie bis morgen zum Frühstück keine Lösung haben, wird die Aufführung abgesagt."

„Aber – die Vorstellung ist ausverkauft! Sie können doch nicht ..." Aber Klimperer war schon davon. Klempner rannte in Panik zum nächsten Telephon.

Des Rätsels Lösung

Am nächsten Morgen traf Klimperer zu seiner Überraschung den Bühnenbildner in aufgeräumter Stimmung an.

„Ich hab's", strahlte der. „Kac hatte recht mit seiner Vorsicht. Ich habe soeben erfahren, daß Carolyn Gordon und ihr Kollege David Webb aus St. Louis sowie Scott Wolpert an der Universität von Maryland zwei verschiedene Trommelfelle theoretisch konstruiert haben, die genau gleich klingen" (Bild 2).

Klimperer untersuchte die Skizze. „Sieht verrückt aus."

„Das ganze Problem ist verrückt. Aber die Entdeckungsgeschichte ist interessant. Diese Trommelfelle sind sozusagen aus plattgedrückten Glocken entstanden. Carolyn Gordon beschrieb eines von Busers Beispielen auf einer Geometrie-Tagung im Frühjahr 1991; Wolpert war unter den Zuhörern und bemerkte, daß die nicht-ebene Fläche eine bestimmte Symmetrie hatte, so daß man sie in gewissem Sinne eben machen konnte. Er fragte, ob daraus nicht eine negative Antwort auf die Frage von Kac folge. Daraufhin mußten Webb und Gordon das ganze Problem noch einmal durchdenken. Sie glaubten zunächst – zu Unrecht, wie sich später herausstellte –, man müsse etwas noch Komplizierteres konstruieren als Wolpert, füllten ihre Büros mit riesigen Papierkonstruktionen, die sich alle nicht einebnen ließen, und fanden schließlich die beiden Formen."

„Irgendwie sehen sie sich ähnlich", meinte Klimperer.

„Ja, sie sind aus lauter gleichen Teilen zusammengesetzt, und zwar jeweils sieben schräg geschnittenen Hälften eines Malteserkreuzes. Deswegen kann

Bild 2: Zwei nicht-kongruente Membranen mit dem gleichen Spektrum nach Gordon und Webb. Jede Membran ist aus sieben halben Malteserkreuzen zusammengesetzt.

man überhaupt beweisen, daß sie gleiche Spektren haben. Man nimmt die eine Membran in irgendeinem ihrer möglichen Schwingungszustände, zerschneidet sie an den weißen Trennlinien und zeigt, daß man die Teile so zusammensetzen kann, daß sich ein zulässiger Schwingungszustand der anderen Membran ergibt. Das Verfahren geht auf Sunadas Arbeit zurück und wurde zuerst von Pierre Bérard von der Universität Grenoble angewandt."

„Kurz gesagt, es gibt Lösungen der Wellengleichung, die man zerschneiden und anders wieder zusammenkleben kann", faßte Klimperer zusammen.

„Genau! Wir haben es geschafft!" Ihre Erleichterung machte sich ebenso lautstark Luft wie tags zuvor der Zorn. Die anderen Frühstücksgäste blickten befremdet. Plötzlich verdüsterte sich Klimperers Gesicht.

„Wir haben doch noch ein winziges Problem."

„Und zwar?"

„Wer schmiedet uns bis heute abend ein Paar Pauken in dieser abartigen Form?"

Literaturhinweise

Eigenvalues of the Laplace Operator on Certain Manifolds. Von John Milnor in: Proceedings of the National Academy of Sciences of the USA, Band 51, Seite 542, 1964.

Can One Hear the Shape of a Drum? Von M. Kac in: American Mathematical Monthly. Band 73, Seiten 1 bis 23, 1966.

Constructing Isospectral Manifolds. Von Robert Brooks in: American Mathematical Monthly, Band 95, Seiten 823 bis 839, 1988.

When You Can't Hear the Shape of a Manifold. Von Carolyn Gordon in: The Mathematical Intelligencer, Band 11, Heft 3, Seiten 39 bis 47, 1989.

You Can't Hear the Shape of a Drum. Von Barry Cipra in: Science, Band 255, Seiten 1642 bis 1643, 27. März 1992.

11

Denken Mathematiker logisch?

Wie kommt ein Mathematiker auf seine Ideen? Ist es die schiere, welt-abgewandte Logik? Oder spielt gelegentlich ein gewisser Realismus eine Rolle?

Logbuch, Sterndatum 2291,1: „Das Raumschiff *Wahnwitz* ist auf dem Weg zum Krebs-Nebel gerade knapp einer Geldstrafe wegen Parkens an einer blau-roten Galaxie entkommen. Die Mannschaft ist in aufgekratzter Stimmung. Wahrscheinlich liegt das an den sechzehn Kisten Beteigeuzeschen Rote-Beete-Saftes, die wir bei unserem letzten Halt eingeladen hatten . . .“

Captain Jonah T. Kink legte seinen Sternflotten-Schreibstift nieder und stützte den Kopf in beide Hände, um sich auf den nächsten Satz zu konzentrieren. Er hatte einen gewaltigen Kater.

„Einen logischen Morgen, Captain!“ Es war Pock, der erste Offizier. Kink starrte benebelt in das vertraute spitzohrige Gesicht. „Ich glaube, ich habe unsere Wette von gestern abend gewonnen.“

Kink konnte sich weder an eine Wette noch an irgend etwas sonst erinnern.

„Captain, Sie werden doch noch wissen, daß wir verschiedener Ansicht über die Bewußtseinsprozesse der Mathematiker waren.“ Kink konnte sich kaum einen exotischeren Grund für einen Dissens vorstellen, aber dieser Rote-Beete-Saft hat es eben in sich. „Sie ließen sich auf eine kleine Wette ein.“

„Aha. Und zwar?“

„Ich behauptete, daß die Denkprozesse der Mathematiker wie bei uns Vulgariern von reinster Logik bestimmt werden. Sie dagegen bezogen sich vage auf Intuition, Probieren, induktives Schließen und Verallgemeinerung.“

„Ja“, fiel Lenny McCool, der Schiffsarzt, ein. „Dann sagten Sie, Sie könnten beweisen, daß die Logik irreführend sei. ‚Nur die Elefanten und die Wale gebären Kinder, die mehr als 100 Kilogramm wiegen‘, sagten Sie. ‚Der arkturische Präsident wiegt 120 Kilogramm. Also wäre die Mutter des arkturischen Präsidenten . . .‘“ Kink stöhnte. Der arkturische Präsident und seine Mutter waren als Gäste mit Diplomatenstatus an Bord der *Wahnwitz* und hatten ohne Zweifel die gestrige Party besucht.

„Ich wandte dagegen ein“, sagte Pock, „daß man, wäre induktives Schließen ein Beweisverfahren, zeigen könnte, daß alle ungeraden Zahlen Primzahlen sind. Denn 3, 5, 7 und 11 sind Primzahlen, und 9 kann man als irrelevanten Meßfehler vernachlässigen. Sie behaupteten, es seien tatsächlich alle ungeraden Zahlen Primzahlen. Daraufhin schlossen wir unsere Wette ab: Ich gebe Ihnen eine Flasche Rote-Beete-Saft, wenn Intuition und so weiter das Denken der Mathematiker bestimmen. Wenn die Mathematiker aber nichts als logisch denken, räumen Sie Ihre Stellung und übertragen mir das Kommando über die *Wahnwitz.*"

„Waaas?"

„Captain, ich hatte die einzige noch übriggebliebene Flasche Rote-Beete-Saft im ganzen Raumschiff."

„Das erklärt alles. Und Sie behaupten, Sie hätten die Wette gewonnen?"

„In der Tat, Captain. Und ich kann es beweisen. Ich habe im Speicher des Bordcomputers ein antikes Manuskript gefunden und ausgedruckt."

Es trug den Titel „Turings Fahrrad". „Mr. Pock, was ist ein Fahrrad?"

Pock zeigte ihm eine Skizze. „Ein primitives Fortbewegungsmittel." Kink nickte und las:

Alan Turing pflegte mit seinem Fahrrad zur Arbeit zu fahren. Gelegentlich sprang die Kette ab. Als methodisch vorgehender Mensch hielt er in seinem Büro eine Flasche mit Terpentin und einen Lappen bereit, um bei der Ankunft seine Hände zu reinigen. Nach einiger Zeit bemerkte er, daß die Kette immer in sehr regelmäßigen Abständen absprang, begann, die Umdrehungen des Vorderrades zu zählen und entdeckte, daß die Kette stets nach genau n Umdrehungen absprang.

„Wie groß war n?" fragte Kink.

„Diese Information ist nicht im Bordcomputer gespeichert, Captain."

„Oh." Kink las weiter:

Turing zählte nun dauernd die Umdrehungen, damit er im richtigen Augenblick mit Treten aussetzen konnte, so daß die Kette oben blieb. Das wurde mühsam, und daher brachte er einen Umdrehungszähler an. Später analysierte er den mathematischen Zusammenhang zwischen der Anzahl g der Kettenglieder und der Anzahl z der Zähne auf dem Ritzel. Er entdeckte, daß n gleich dem kleinsten gemeinsamen Vielfachen von g und z war, und schloß daraus, daß das unglückliche Ereignis stets bei einer eindeutig bestimmten Konfiguration von Hinterrad und Kette auftrat. Bei näherer Untersuchung stellte sich dann heraus, daß die Kette immer dann absprang, wenn ein gewisses, leicht beschädigtes Kettenglied eine leicht verbogene Speiche berührte (Bild 1). Die Speiche wurde strammgezogen, und das Terpentin und der Lappen konnten aus dem Büro verschwinden.

Kink kratzte sich fragend am Kopf. „Na schön. Und was beweist das, Pock?"

„Die Macht der Logik!"

Ein harter schottischer Akzent erschallte auf der Brücke. „Dummes Zeug! Jeder fähige Mechaniker hätte den Defekt in ein paar Sekunden gefunden!"

Das war Dott, der Chefingenieur.

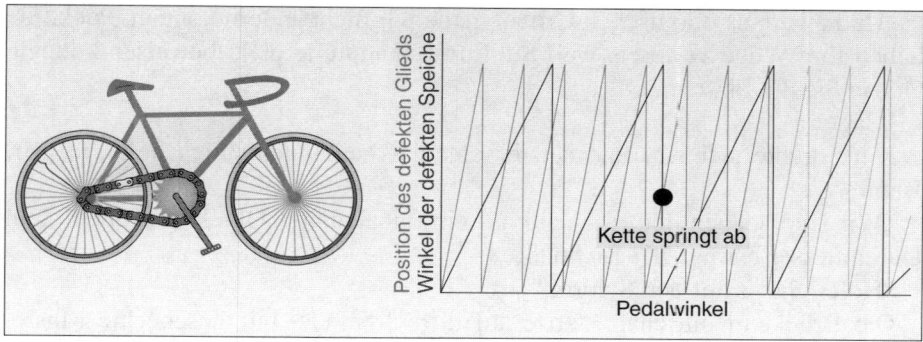

Bild 1: Wenn das defekte Kettenglied (weiß) mit dem oberen Teil der verbogenen Speiche zusammentrifft, springt die Kette ab (links). Rechts sind die Position des Kettenglieds und der Winkel der Speiche gegen die Horizontale als Funktion des Pedalwinkels aufgezeichnet. Die Stelle, wo beide Graphen sich bei einer bestimmten Ordinate schneiden, ist der Punkt des Kettensprungs.

„Danke. Nun, Mr. Pock, was hat diese kleine Anekdote mit der Wette zu tun?"

„Alan Turing war ein Mathematiker, Captain. Dieses Dokument beweist, daß er ausschließlich logisch gedacht hat."

Kink hämmerte ein wenig auf die Tastatur des Bordcomputers und starrte einige Sekunden auf den Bildschirm. „Turing war ein Logiker, Mr. Pock. Logisch gesprochen, ist es doch nur logisch, daß ein Logiker logisch denkt."

„Er war ein mathematischer Logiker, Captain, und . . ."

„Mr. Pock, nach Ihren eigenen Argumenten über die Unzuverlässigkeit der Induktion kann Ihre Behauptung ja wohl unmöglich durch ein einziges Beispiel bewiesen werden. Oder?"

Pock erblaute, das vulgarische Äquivalent des Errötens. „Ich bitte um Entschuldigung. Es tut mir leid, daß der irdische Teil meines Erbguts meine Urteilskraft für einen Moment getrübt hat."

„Hmmm", murmelte Kink und dachte fieberhaft nach. „Wenn man herausfinden könnte, wie mehrere irdische Mathematiker wirklich dachten, dann wäre ich bereit, mich auf Ihren Standpunkt einzulassen. Das wäre dann zwar immer noch kein logischer Beweis, aber" – Kink genoß es, Pock leiden zu sehen – „ich würde das Ergebnis eines kontrollierten Experiments akzeptieren."

Denken Mathematiker logisch?

Pock sah sehr frustriert drein. „Ja, Captain. Aber solch ein Experiment können wir nicht ausführen."

„Und zwar aus praktischen Gründen, die wir nicht ändern können. Pock, Sie haben Ihre Wette verloren, weil Sie Ihre Behauptung nicht beweisen können. Geben Sie die Flasche . . .“

„Captain!“

Kink drehte sich um und setzte seinen Kommandeursblick auf. „Ja, Mr. Bubu?“

„Wir sind soeben überraschend auf ein unbekanntes Objekt gestoßen. Sein Durchmesser beträgt 703 Lichtjahre.“

„Holen Sie es auf den Schirm.“

Die Brückenmannschaft starrte auf die wirbelnde, buntgescheckte Masse. Kink blickte ratlos umher und wartete auf eine Eingebung, aber sein erster Offizier kam ihm zuvor.

„Scheint ein kosmisches Dingsda zu sein, eine Singularität in der Raum-Zeit-Struktur“, erklang die aufreizend ruhige, Gewißheit ausstrahlende Stimme Pocks.

„Woher wissen Sie das?“

„Durch logische Herleitung, Captain. Sehen Sie sich genau die linke obere Ecke an.“ Kink korrigierte die Scharfeinstellung. Verschwommene Wörter erschienen: „Starwaste – die Lösung des Recycling-Problems. Dieses kosmische Dingsda schafft Ihren Müll in ferne Räume und Zeiten – rückholbar!“ Pock erläuterte: „Das ist eine antike Konstruktion. Solch schreiende Aufschriften waren früher üblich.“

„Aha. Nun, wir können uns nicht mit dem Zeug aufhalten, das die Leute hier im Universum hinterlassen haben. Wir haben einen Auftrag. Stellen Sie den Kurs . . .“

„Captain“, fiel ihm Mr. Pock ins Wort. „Jetzt wird Ihr Experiment doch machbar.“

Kink erbleichte. „Was?“

„Wir können das kosmische Dingsda als Raum-Zeit-Maschine verwenden, um die alte Erde zu besuchen und die Mathematiker bei ihrer Arbeit zu beobachten.“

Kink seufzte und nickte. Das war mal wieder einer jener Tage . . . Sie stellten eine Liste auf und einigten sich auf die drei wirklich größten terranischen Mathematiker: Archimedes, Carl Friedrich Gauß und Isaac Newton. Pock machte eine Landefähre startklar und programmierte sie auf einen komplizierten Kurs durch das kosmische Dingsda, der sie in die Nähe aller drei führen würde. Kink bestand darauf, diese Operation Dingsbums zu nennen.

Archimedes

Vor langer, langer Zeit saß Archimedes von Syrakus auf Terra vor seinen in den Sand gezeichneten Diagrammen. Er hatte den halben Vormittag damit verbracht, ein regelmäßiges Vierundsechzigeck zu konstruieren, das ihm für seine aufwendigen Untersuchungen zur Quadratur des Kreises dienen sollte. Eine kaum wahrnehmbare Stimme „Beam uns runter, Dotty" riß ihn aus seinen Gedanken. Auf einmal erschienen zwei schimmernde Körper genau in der Mitte seines wundervollen Vielecks und verwischten seinen Mittelpunkt.

Nachdem Kink und Pock eine Weile mit dem Übersetzungsgerät herumgefummelt hatten, konnten sie Archimedes versichern, daß sie weder seine Kreise noch seine Polygone zu stören beabsichtigten. Pock half ihm bei der Wiederherstellung seiner Zeichnung. Als sie schließlich Archimedes baten, ihnen seine berühmte Formel $V = (4/3)\pi r^3$ für das Volumen V einer Kugel vom Radius r zu erklären, war er sichtlich hocherfreut. Er erzählte ihnen, daß er zum Beweis der Formel die Exhaustionsmethode verwendet habe, eine teuflisch komplizierte Technik, bei der man die Möglichkeiten $V < (4/3)\pi r^3$ und $V > (4/3)\pi r^3$ widerlegt, indem man die Kugel durch Polyeder mit einer riesigen Anzahl von Seitenflächen approximiert. Dann bleibt also nur die Gleichheit übrig. „Ich habe das alles in meinem Buch ‚Über Kugel und Zylinder' aufgeschrieben", sagte er stolz.

Pocks Gesicht zeigte das vulgarische Äquivalent eines Lächelns. „Sehen Sie, Captain? Völlig logisch."

„Nicht so schnell, Mr. Pock. Ich bin nicht Sternflottenkommandeur geworden, indem ich voreilige Schlüsse zog. Mir fällt auf, daß an dem Beweis durch Exhaustion irgend etwas nicht geheuer ist. Zunächst setzt Archimedes stillschweigend voraus, daß eine gekrümmte Fläche überhaupt ein wohldefiniertes Volumen begrenzt." Archimedes lief rot an. „Es wundert mich, Mr. Pock, daß Ihnen das nicht aufgefallen ist." Pock erblaute. „Offenbar Ihr irdisches Erbgut", fuhr Kink fort. „Aber selbst wenn wir die Existenz eines wohldefinierten Volumens voraussetzen, gibt es noch ein Problem. Die Exhaustionsmethode funktioniert nur, wenn Sie die Antwort schon vorher kennen. Sie können nicht wissen, welche Ungleichungen Sie ausschließen sollen, wenn Sie die Gleichung, die Sie beweisen wollen, noch nicht kennen." Er wandte sich an Archimedes. „Wie sind Sie ursprünglich auf den Wert $(4/3)\pi r^3$ gekommen? Geraten?"

„Selbstverständlich nicht!" entgegnete der Weise indigniert, und Pock trug die Nase gleich wieder etwas höher. „Ich habe die Herleitung meiner Formel in meinen ‚Methoden' erklärt." (Der dänische Gelehrte J. L. Heiberg hat 1906 in Konstantinopel diese verschollene Abhandlung des Archimedes wiederaufgefunden.) „Ich schrieb dort", fuhr Archimedes fort, „daß mir gewisse Sätze erst mit Hilfe einer mechanischen Vorrichtung klar wurden. Dann allerdings mußte

Die Methode des Archimedes
zur Bestimmung des Kugelvolumens

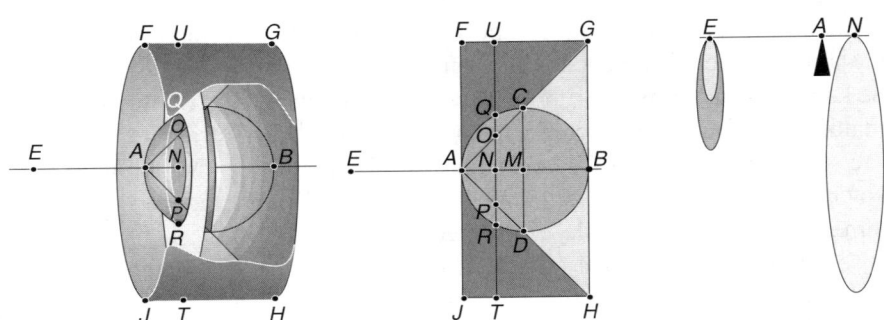

Ein Kegel *AHG* mit einem Öffnungswinkel von 45 Grad, ein Kreiszylinder *JHGF*, dessen Höhe gleich seinem Radius ist, und eine Kugel *ARDBCQ* durchdringen sich, wie in der perspektivischen Zeichnung (links) und in der Querschnittsdarstellung (Mitte) angegeben. *AFGB* ist ein Quadrat, *N* ein beliebiger Punkt auf *AB*. Wir schneiden nun aus der ganzen Anordnung eine unendlich dünne, senkrechte Scheibe *UNT* aus und berechnen zunächst die Flächeninhalte der Kugel-, der Kegel- und der Zylinderscheibe.

Sei *K* (*XY*) der Flächeninhalt eines Kreises mit Radius *XY*; *Q* (*XY*) der eines Quadrates mit der Seite *XY* und *R* (*XY, VW*) der eines Rechtecks mit den Seiten *XY* und *VW*. Mit diesen Bezeichnungen lassen sich die folgenden Beziehungen für Flächeninhalte formulieren:

$$Q\ (ON) + Q\ (NQ)$$
$$= Q\ (AN) + Q\ (NQ) = Q\ (AQ) \text{ nach dem Satz des Pythygoras}$$
$$= R\ (AN, AB) \text{ nach dem Kathetensatz}$$
$$= R\ (ON, NU).$$

Daraus folgt

$$\frac{Q\ (ON) + Q\ (NQ)}{Q\ (NU)} = \frac{R\ (ON, NU)}{Q\ (NU)} = \frac{ON}{NU}$$

und daraus

$$\frac{K\ (ON) + K\ (NQ)}{K\ (NU)} = \frac{ON}{NU}$$

denn die Fläche eines Kreises ist proportional zum Quadrat seines Durchmessers.

Nehmen wir nun an, Kugel, Zylinder und Kegel haben die gleiche Dichte. Ihre Massen sind also proportional zu ihren Volumina. Denken Sie sich *AB* als Hebelarm mit Drehpunkt in *A*; *E* sei so weit nach links von *A* entfernt wie *B* nach rechts. Lassen Sie den Querschnitt K (NU) des Zylinders, wo er ist, und hängen Sie die Querschnitte K (ON) des Kegels und K (NQ) der Kugel in E auf. Die letzte Gleichung besagt dann genau, daß der Hebel im Gleichgewicht ist. Führen Sie diese Prozedur nun für alle möglichen Positionen von N auf AB durch. Das verschiebt den gesamten Kegel AHG und die gesamte Kugel $ARDBCQ$ nach E, so daß deren gesamtes Volumen gewissermaßen in einer unendlich dünnen Scheibe konzentriert ist, während der Zylinder $JHGF$ an seinem Platz bleibt. Und der Hebel ist immer noch im Gleichgewicht. Der Schwerpunkt des Zylinders liegt aus Symmetriegründen in M; das heißt, der Zylinder wiegt mit dem halben Hebelarm Kugel und Kegel zusammen auf. Also genügen die Volumina der Gleichung

Kegelvolumen + Kugelvolumen = 1/2 Zylindervolumen.

Das Zylindervolumen beträgt $8\pi r^3$, und das des Kegels ist ein Drittel davon, also $\frac{8}{3}\pi r^3$. Das Kugelvolumen ist die Differenz des halben Zylindervolumens und des Kegelvolumens, also $\frac{4}{3}\pi r^3$, wie behauptet.

ich sie *more geometrico* beweisen, denn das mechanische Experiment war kein echter Beweis. Man findet einen Beweis natürlich schneller, wenn man sich mit der Frage schon ausgiebig beschäftigt hat."

Dann zeigte ihnen Archimedes seine Methode (siehe Kasten), bei der Körper in unendlich kleine Scheibchen geschnitten und die Teile mit einer Balkenwaage ausgewogen werden.

„Hmm", brummte Kink. „Sieht nicht gerade logisch aus…"

„Mit Sicherheit irreführend", mußte Pock zugeben.

„Aber es funktioniert", sagte Archimedes. „Merkwürdig, nicht wahr?"

Carl Friedrich Gauß

Der Dingsbumseffekt nahm sie auf und trug sie in das Göttingen des 19. Jahrhunderts, während Kink enthusiastisch grinste und Pock verdrießlich dreinblickte. Sie überredeten den großen Carl Friedrich Gauß dazu, ihnen einen Satz vorzuführen, auf den er besonders stolz war, den wesentlichen Inhalt seiner Dissertation: Jede polynomiale Gleichung der Form

$$p(z) = z^m + a_1 z^{m-1} + \ldots + a_{m-1}z + a_m = 0$$

hat im Bereich der komplexen Zahlen eine Lösung.

„Zeigen Sie uns den Beweis", bat Pock.

„Mit dem größten Vergnügen", erwiderte Gauß. „Sei z eine komplexe Zahl mit der Darstellung $z = x + iy = re^{i\phi}$, wobei $i = \sqrt{-1}$ die imaginäre Einheit ist, und sei $p(z) = t + iu$ der Wert des Polynoms im Punkt z. Nun, wenn dieser Wert niemals gleich null wäre, dann wäre die Funktion

$$\frac{g(r, \phi)}{(t^2 + u^2)^2}$$

überall stetig und differenzierbar, vorausgesetzt, das trifft auch auf die Funktion g zu, die ansonsten beliebig wählbar ist. Also existiert das Integral

$$\iint_K \frac{g(r, \phi)}{(t^2 + u^2)^2} \, dr d\phi$$

über eine Kreisscheibe K; wenn man es auf zwei verschiedene Weisen ausrechnet, muß das gleiche herauskommen. Ich kann aber eine Funktion g konstruieren, für die ich beide Werte explizit ausrechnen kann, und zwar mit unterschiedlichem Ergebnis . . ." Gauß schrieb mehrere Seiten mit Rechnungen voll und schloß dann triumphierend: „Also war die Annahme, daß das Polynom nirgends verschwinde, falsch, und der Satz ist durch *reductio ad absurdum* bewiesen."

„Was gibt es Logischeres als einen Widerspruchsbeweis!" rief Pock begeistert. „Erklären Sie mir das mit den zweiten Ableitungen noch einmal . . ."

Kink, der schon beim ersten Integralzeichen nichts mehr verstanden hatte, sagte zunächst gar nichts, faßte sich aber schnell wieder. „Carl Friedrich", sagte er und legte einen Arm freundschaftlich um die Schulter des Fürsten der Mathematiker, „ich darf dich doch so nennen? Gut. Sage mir, wie bist du nur auf einen so komplizierten Beweis gekommen?"

„Na ja", erwiderte Gauß, „ich dachte über die Windungszahl einer Kurve nach; das ist die Anzahl der Male, die sie den Ursprung umrundet (Bild 2 links). Es kam mir in den Sinn, daß $p(z)$ sich kaum ändert, wenn z einen kleinen Kreis in der komplexen Ebene durchläuft. Insbesondere kann $p(z)$ dann den Ursprung nicht umrunden – und treffen erst recht nicht, denn dann hätte p dort ja eine Nullstelle. Die Windungszahl ist in diesem Fall also 0. Wenn andererseits z einen sehr großen Kreis durchläuft, dann kommt es nur auf den dominierenden Term z^m in $p(z)$ an, und die Windungszahl ist m, also verschieden von 0 (Bild 2 rechts). Wenn jetzt der kleine Kreis zu einem großen anwächst, dann muß irgendwann zwischendurch die Windungszahl der durch $p(z)$ definierten Kurve sich ändern – von null auf eins zum Beispiel, also sprunghaft. Die Kurve selbst dagegen ändert sich stetig. Nun ist aber anschaulich klar, daß sich die Windungszahl einer sich stetig deformierenden Kurve nur dann sprunghaft ändern kann, wenn die Kurve durch den Ursprung

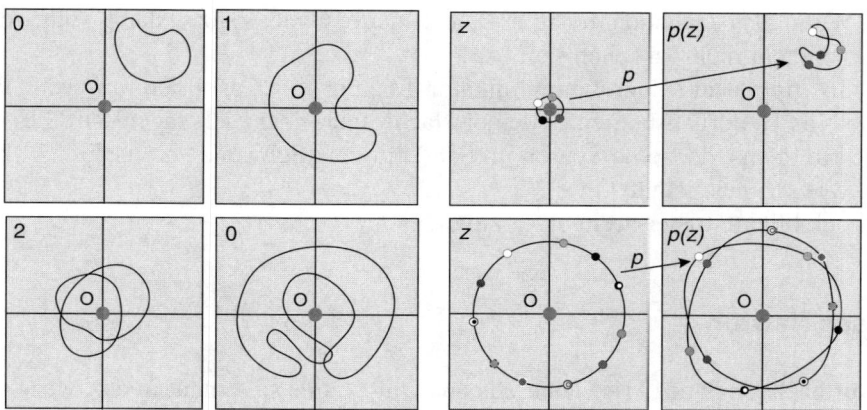

Bild 2: Die Windungszahl einer geschlossenen Kurve gibt an, wie oft sie sich um den Ursprung windet (links); formal ausgedrückt: die Gesamtänderung des Winkels, die ein Strahl vom Ursprung zu einem die Kurve durchlaufenden Punkt erfährt. Wenn der Punkt z einen kleinen Kreis in der komplexen Ebene durchläuft, dann durchläuft sein Bild $p(z)$ unter der Abbildung p eine kleine Schleife, die den Ursprung nicht einschließt und deren Windungszahl daher gleich null sein muß (rechts oben). Wenn dagegen z einen großen Kreis durchläuft (rechts unten), liegt dessen Bild unter p in der Nähe der Kurve, die nur durch den führenden Term z^m bestimmt ist. Letztere ist ein m-fach durchlaufener Kreis und ihre Windungszahl daher gleich m. Also muß die Windungszahl der anderen Kurve ebenfalls m sein.

verläuft (Bild 3). Das bedeutet aber, daß für einen bestimmten Punkt auf diesem besonderen Kreis $p(z) = 0$ gilt. *Quod erat demonstrandum.*"

„Ich verstehe", sagte Kink.

„Da ich den Satz so nicht beweisen konnte, mühte ich mich ab, bis ich die Idee mit der Windungszahl in das Doppelintegral fassen konnte, das ich euch gezeigt habe."

„Die Idee hast du also zunächst auf unlogische Weise, durch Intuition gefunden, und dann hast du daraus einen logischen Beweis gemacht?"

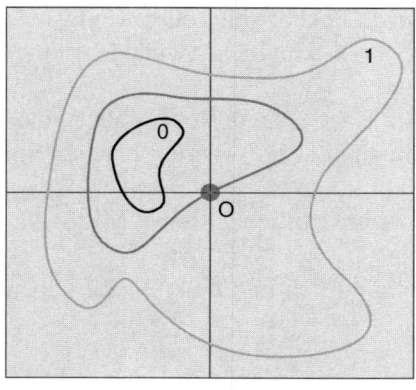

Bild 3: Die Windungszahl einer Kurve ändert sich bei stetiger Deformation nur dadurch, daß die Kurve den Ursprung trifft.

„Wenn das Gebäude fertig ist", erwiderte Gauß stolz, „dann sollte das Gerüst nicht mehr zu sehen sein."

Kink tippte auf seiner Kommunikator-Tastatur ... „Carl Friedrich, weißt du, was Nils Hendrik Abel, einer deiner Nachfolger, über dich sagen wird? Er ist wie ein Fuchs, der seine Spuren im Sand mit dem Schwanz verwischt."

„Wie schmeichelhaft!"

Pock blickte trister drein als je zuvor.

Isaac Newton

„Auf nach England!" rief Kink, als das Dingsbums sie erneut in das Meer aus Raum und Zeit katapultierte.

Sie trafen den Schöpfer der Differential- und Integralrechnung kniend, mit einer Stichsäge in der Hand, in seinem Studierzimmer an. Am unteren Türrand war ein etwa fußbreites Loch zu sehen, dessen Kanten vom langen Gebrauch blankgescheuert waren, daneben zwei kleinere, offensichtlich frisch gesägte Löcher. Newton arbeitete gerade an einem dritten kleinen Loch. Pock, dem das menschliche Verhalten stets ein Rätsel war, fragte ihn, was er da tue.

„Ach, verehrte Herren vom himmlischen Firmament, das ist für meine Katze. Sie liebt es, mein Studierzimmer nach Belieben zu betreten oder zu verlassen, und mir ist es beschwerlich, jedesmal die Tür zu öffnen und zu schließen. Wenn ich sie nicht hereinlasse, fängt sie erbärmlich an zu miauen. Außerdem zerkratzt sie das Türholz mit ihren Krallen. Deshalb habe ich vor einigen Jahren einen eigenen Ein- und Ausgang für sie erfunden."

„Ich bin von Ihrer Erfindungsgabe sehr beeindruckt", erwiderte Kink. „Ich muß allerdings gestehen, daß ich die von Ihnen erfundene Kunst des Differenzierens noch höher schätze. Darf ich Sie fragen, wie Sie darauf gekommen sind?"

„Ach", erwiderte Newton, „diese Rechenkünste sind nichts weiter als eine nette, belanglose Spielerei. Aber ein Loch in diese Tür zu sägen, ohne daß das Holz splittert, das ist echte Arbeit. Mieze wird dankbar sein, oder wenigstens still. Sie müssen mich nun entschuldigen ..." Er wandte sich wieder seiner Säge zu.

„Ich möchte Sie durchaus nicht stören, Sir Isaac", sagte Pock, „aber eines fasziniert mich." Newton seufzte und legte die Säge weg. „Warum machen Sie die kleinen Löcher?"

„Wieso", fragte Newton, „ist das nicht offensichtlich? Meine Mieze hat Junge."

Pock blickte Kink an. Kink blickte grimmig zurück und nickte. „Sie haben gewonnen, Pock ..."

Literaturhinweise

Denkweisen großer Mathematiker. Von Herbert Meschkowski. Vieweg, Braunschweig 1990.

The Psychology of Invention in the Mathematical Field. Von Jacques Hadamard. Dover Books, New York.

The World of Mathematics. Herausgegeben von James R. Newman. Simon & Schuster, New York 1956.

12
Das verschwundene Kamel

Wie Ali der Barbier mit Hilfe diophantischer Gleichungen das letzte große Rätsel im Leben des Beduinenscheiches Mustafa zu dessen Zufriedenheit lösen konnte.

Der Beduinenfürst Mustafa Ibn Muchta hatte seinen kleinen Stamm – Allah sei Dank – erfolgreich gegen den brutalen Überfall eines Nachbarstamms verteidigt. Aber im Kampf war er auf den Tod verwundet worden und hatte das Bewußtsein verloren. Ali der Barbier, sein Freund aus Kindertagen, pflegte seine Wunden und trug ihn durch die Wüste zurück ins Lager.

Mustafa erwachte, umgeben von seinen Frauen, Söhnen, Töchtern und Enkeln. „Gelobt sei Allah, ich lebe noch. Aber ich muß zurück in den Kampf." Er konnte kaum seinen Kopf heben.

„Bitte ruhe dich aus, großer Muchta", bat ihn seine erste Frau inständig und reichte ihm Wasser aus einem Ziegenlederbeutel. „Du hast deinen Stamm zum Sieg geführt. Wie fühlst du dich?"

„Als wären tausend Kamele über mich hinweggetrampelt", stöhnte Mustafa. „Wer hat mich errettet?"

„Ali der Barbier."

„So bringt ihn schnell zu mir."

Sein erster Sohn machte sich auf, Ali zu holen. Der schnitt emsig wie immer die Bärte genau derjenigen Beduinen, die das nicht selber erledigten, und verbrachte Stunden um Stunden grübelnd über der Frage, wer wohl seine eigene Haarpracht pflegen müßte: er selbst oder der Barbier. Als er hörte, daß Mustafa sein Bewußtsein wiedererlangt hatte, eilte er, ihn aufzusuchen.

Er betrat Mustafas Zelt. „Salaam aleikum. Du siehst schon viel besser aus."

„Aleikum salaam. Dank deiner und Allahs Hilfe konnte ich meine Familie noch einmal sehen. Doch bin ich tödlich verwundet und liege im Sterben." Er winkte seinem protestierenden Freund ab. „Du brauchst mir nichts vorzuheucheln. Ich will mit dir besprechen, wie ich meinen Reichtum unter meine drei Söhne aufteilen soll. Ich liebe sie alle sehr, aber sie sind manchmal schwer von Begriff. Bevor sie etwas erben, sollten sie deshalb ihre geistigen Fähigkeiten unter Beweis stellen."

Ali schaute ziemlich ratlos drein.

„In meinem Besitz ist eine arithmetische Abhandlung, die angeblich von dem großen Al-Hwarizmi selbst über die Generationen auf mich gekommen ist."

„Was, von dem großen Gelehrten, der im 9. Jahrhundert am Hofe des Kalifen von Bagdad jene berühmten Schriften über Algebra, Arithmetik und Astronomie verfaßte . . ."

„. . .von denen die ungebildeten Ungläubigen noch jahrhundertelang zehrten", ergänzte Mustafa ungeduldig. „Die Schrift berichtet von einem reichen Kaufmann, der 17 Kamele besaß. Er verfügte, daß nach seinem Tod sein ältester Sohn die Hälfte, sein zweiter ein Drittel und sein dritter Sohn ein Neuntel von ihnen erhalten sollte."

„Ich entsinne mich an so ein Scherzrätsel. Natürlich ist es Unfug, dem Ältesten achteinhalb Kamele zu vermachen."

„Und dem Jüngsten eines und acht Neuntel. Aber es gibt eine geniale Lösung des Problems", versetzte Mustafa.

„Ich erinnere mich. Ein weiser Mann stellt sein eigenes Kamel dazu, so daß es nun 18 sind. Von diesen nimmt der älteste Sohn die Hälfte, das sind neun Kamele, der zweite ein Drittel, also sechs, und der jüngste ein Neuntel, also zwei Kamele. Das macht zusammen 17 Kamele. Der Weise nimmt sein Kamel wieder mit, und alle sind zufrieden."

„Wenigstens denkt das jeder. Die Psychologie dieses Rätsels ist fast so interessant wie seine Mathematik."

„Und du glaubst, deine hoffnungsvollen Söhne finden die Lösung des Rätsels, ohne Weisen und ohne Zusatzkamel?"

„Ach, der Weise ist nicht unbedingt erforderlich. Und meine Söhne sind habgierig. Wenn es darauf ankommt, laufen sie meilenweit für ein Kamel."

„Aber du besitzt mehr als 17 Kamele."

„In der Tat. Allah hat mich mit 39 Kamelen gesegnet. Und ich habe meinem Vater am Totenbett versprochen, niemals eines zu verkaufen. Es ist also nicht möglich, ihre Zahl auf 17 zu verkleinern. Aber es wäre nicht schwer, bei Bedarf noch einige weitere Kamele zu kaufen. Ich habe dich rufen lassen, weil

Bild 1: Drei Söhne erben sieben Kamele, und dem ersten gebührt die Hälfte, dem zweiten ein Viertel, dem dritten ein Achtel des Erbes. Können sie jeder ihren Anteil nehmen, ohne ein Kamel zu zerteilen?

ich deinen Rat suche. Ich weiß nicht, ob es überhaupt drei andere Zahlen gibt, mit denen man ein solches Rätsel stellen könnte."

„Du könntest alles mit drei malnehmen", sagte Ali. „Das wären 51 Kamele und dieselbe Aufteilung."

Mustafa nickte und verzog das Gesicht vor Schmerzen. „Daran habe ich auch schon gedacht, Ali. Aber dann müßte der Weise drei Kamele mitbringen. Das ist nicht elegant. Ich hatte vor, jedem Sohn einen gewissen Bruchteil vom Ganzen zuzuweisen, so daß sich die Teilung durch Hinzufügen und anschließendes Wegnehmen von nur einem zusätzlichen Kamel lösen läßt."

Ali lehnte sich zurück und lächelte. „Mit Zahlen, Mustafa, habe ich mich schon immer gern beschäftigt. Ich frage mich . . ." Er starrte eine Weile ins Leere. „Es gibt vielleicht eine Möglichkeit. Aber erst müssen wir verstehen, wie der ursprüngliche Trick funktioniert."

„Ich gebe zu, ich stehe vor einem Rätsel", erwiderte Mustafa. „Das verflixte Kamel taucht auf und verschwindet wie ein Geist aus einer defekten Wunderlampe."

Ägyptische Brüche

„Es muß mit einer besonderen Eigenschaft dieser Brüche zu tun haben", sagte Ali. „Wären es zum Beispiel nur 12 Kamele gewesen und hätte der Vater seinen Söhnen die Hälfte, ein Drittel und ein Sechstel zugesagt, dann hätte der älteste Sohn sechs Kamele, der zweite vier und der jüngste zwei bekommen. Dann hätte man kein zusätzliches Kamel gebraucht . . . Aha! Die drei Brüche dürfen sich nicht zu 1 addieren. Denn sonst ließen sich alle Kamele glatt verteilen und keines bliebe übrig. Mal sehen. Was ist die Summe von 1/2, 1/3 und 1/9 ?"

„Ah, 17/18", sagte Mustafa. „Natürlich! Die Söhne erben nur 17/18 der Gesamtzahl aller Kamele. Wenn es zusammen 17 Kamele sind, dann geht die Teilung der Herde nicht auf. Aber wenn es zusammen 18 sind, dann kann jeder seinen Anteil an den 18 Kamelen bekommen, und eines bleibt übrig." Plötzlich kam ihm ein Gedanke. „So weise war der Weise wohl doch nicht. Er hat niemanden darauf hingewiesen, daß die Brüche sich nicht zu eins addieren."

„In diesem Schweigen lag seine tiefste Weisheit", erwiderte Ali. „Der Trick funktioniert, weil die Summe der drei Anteile einen Bruch ergibt, dessen Nenner um 1 größer ist als sein Zähler. Der Zähler ist hier 17 und der Nenner 18." Er grinste breit. „Es gibt viele solche Brüche. Nimm $(d-1)/d$ mit irgendeiner natürlichen Zahl d . . . Ich hab's! Du hast 39 Kamele, nicht wahr?"

„Ja."

„Dann müssen wir nur Brüche wählen, deren Summe 39/40 ergibt", sagte Ali. „Vielleicht 1/2, 1/4 und 9/40 . . ."

Sein Triumph erstarb unter Mustafas mißbilligendem Blick. „Das ist nicht einfach genug, Ali. Jeder Bruch sollte ein Irgendwastel sein. Ein Drittel, oder ein Neunzehntel. Nicht so etwas Krummes wie neun Vierzigstel."

„Aha. Du verlangst . . ."

„. . .daß die Zähler gleich 1 sind."

„Kurz, du suchst eine Lösung der Gleichung $1/a + 1/b + 1/c = (d-1)/d$ in natürlichen Zahlen. Das heißt, die Zahl $(d-1)/d$ soll sich als Summe dreier Stammbrüche ausdrücken lassen. Die Ägypter pflegten häufig Brüche als Summen von Stammbrüchen niederzuschreiben. Deshalb nennt man die Summe von $1/a$, $1/b$ und $1/c$ auch einen dreigliedrigen ägyptischen Bruch."

„Man kann deine Gleichung noch etwas schöner schreiben", sagte der Beduinenfürst und malte in den Sand:

$$1/a + 1/b + 1/c + 1/d = 1$$

„Sehr schön", rief Ali begeistert. „Wenn also a gleich 2, b gleich 3 und c gleich 9 ist, dann muß d gleich 18 sein, denn $1/2 + 1/3 + 1/9 + 1/18$ ist gleich 1. Wir müssen jetzt nur noch ein paar andere Lösungen zu deiner viergliedrigen ägyptischen Gleichung finden, das heißt vier Zahlen mit der Eigenschaft, daß die Summe ihrer Kehrwerte 1 ist."

Mustafa runzelte die Stirn. „Ich kann sofort eine andere Lösung angeben", sagte er. „$1/4 + 1/4 + 1/4 + 1/4 = 1$. Was nun?"

„Wir werden alle Lösungen deiner Gleichung finden." Ali langte nach einem Blatt Papier. „Das ist eine heikle Angelegenheit, denn wir haben es hier mit einer diophantischen Gleichung zu tun, einer Gleichung, die in ganzen Zahlen zu lösen ist – in diesem Falle sogar positiven ganzen Zahlen. Solche Gleichungen hat Diophant von Alexandria im 3. Jahrhundert untersucht."

„Nach der Zeitrechnung der Ungläubigen." Mustafa wälzte sich stöhnend in eine weniger schmerzhafte Körperlage. „Ali, ist das nicht ein bißchen übertrieben, alle Lösungen bestimmen zu wollen? Es könnte doch sehr viele geben."

„Diophantische Gleichungen haben meist nicht sehr viele Lösungen", erwiderte Ali. „Es gibt allerdings auch Ausnahmen. Und in diesem Falle . . ."

Abschätzungen und Fallunterscheidungen

Er begann auf dem Papier zu rechnen. „Ich glaube, wir können beweisen, daß es nur endlich viele Lösungen gibt, und sie auch noch alle der Reihe nach finden. Darunter sind vielleicht welche, die dir zusagen. Nehmen wir an, die Zahlen seien in aufsteigender Reihenfolge geordnet, also $a \leq b$ (a ist kleiner oder gleich b) und $b \leq c \leq d$. Dann kann a höchstens gleich 4 sein. Denn wenn a

gleich 5 oder größer wäre, müßten b, c und d mindestens so groß sein, und die Summe ihrer Kehrwerte wäre kleiner oder gleich $1/5 + 1/5 + 1/5 + 1/5 = 4/5$, also niemals gleich 1."

Mustafa starrte ihn an. „Und das hilft uns weiter?"

„Ja. Schau, wir wissen auch, daß alle vier Zahlen mindestens gleich 2 sein müssen. Andernfalls begänne die Summe mit $1/1$ und wäre auf jeden Fall zu groß. Wir brauchen also nur drei Fälle zu betrachten: a gleich 2, 3 oder 4. Wenn a gleich 2 ist, wird unsere Gleichung zu $1/2 + 1/b + 1/c + 1/d = 1$." Er vereinfachte die Gleichung ein bißchen und schrieb auch die anderen beiden Fälle nieder. Für den Fall $a = 2$ ergab sich $1/b + 1/c + 1/d = 1/2$ und in den anderen Fällen fast dieselbe Gleichung, nur lautete die rechte Seite $2/3$ für $a = 3$ und $3/4$ für $a = 4$.

Mustafa blickte verwirrt drein. „Was soll das? Jetzt hast du drei Gleichungen statt einer."

„Ja, Mustafa, aber jede hat jetzt nur noch drei Unbekannte statt vier wie die vorige. Außerdem kann ich diesen Trick jetzt für jede der drei Gleichungen wiederholen. Nimm zum Beispiel die erste unter ihnen: $1/b + 1/c + 1/d = 1/2$. Offenbar darf die zweitkleinste Zahl b nicht größer als 6 sein; sonst wäre die Summe kleiner oder gleich $1/7 + 1/7 + 1/7 = 3/7$, und das ist kleiner als $1/2$. Entsprechend ergibt sich im zweiten Fall, wo sich drei Stammbrüche zu $2/3$ addieren sollen, daß b höchstens gleich 4 sein kann. Ein gleiches gilt für die Summe $3/4$. Also gibt es für jeden der drei möglichen Werte von a nur endlich viele Unterfälle für die Wahl von b."

Mustafa hatte ein Aha-Erlebnis. „Und dann wendest du den gleichen Trick noch einmal an!"

„Das habe ich vor. Wie ich schon sagte, wenn $1/b + 1/c + 1/d = 1/2$ ist, kann b höchstens gleich 6 sein. Und da a in diesem Fall gleich 2 ist, muß b mindestens gleich 3 sein. Angenommen, b sei genau gleich 3. Daraus ergibt sich $1/2 + 1/3 + 1/c + 1/d = 1$ und daraus wiederum $1/c + 1/d = 1/6 \ldots$"

„Und daraus", fuhr Mustafa fort, „schließen wir, daß c höchstens gleich 12 sein kann, weil $1/13 + 1/13$ gleich $2/13$ ist, und das ist kleiner als $1/6$."

„Genau. Es gibt also nur endlich viele Unter-Unterfälle für c, und in jedem von ihnen hat d dann einen eindeutig bestimmten Wert. Nehmen wir den Fall $a = 2$, $b = 3$ und $c = 11$. Dann muß d die Gleichung $1/2 + 1/3 + 1/11 + 1/d = 1$ erfüllen, und daraus folgt $d = 66/55$. Aber das ist keine natürliche Zahl, also gibt es keine Lösung mit $a = 2$, $b = 3$ und $c = 11$. Wenn andererseits $a = 2$, $b = 3$ und $c = 10$ ist, dann erhalten wir durch Anwendung desselben Verfahrens die Gleichung $1/2 + 1/3 + 1/10 + 1/d = 1$, und daraus ergibt sich $d = 15$. Diesmal haben wir eine Lösung. Allgemein haben wir eine Lösung dann – und nur dann – gefunden, wenn sich für d eine natürliche Zahl ergibt.

Genau dieselbe Argumentation läßt sich übrigens auf jede Gleichung der Form $1/a + 1/b + \ldots + 1/z = p/q$ anwenden, in der die Unbekannten sämtlich

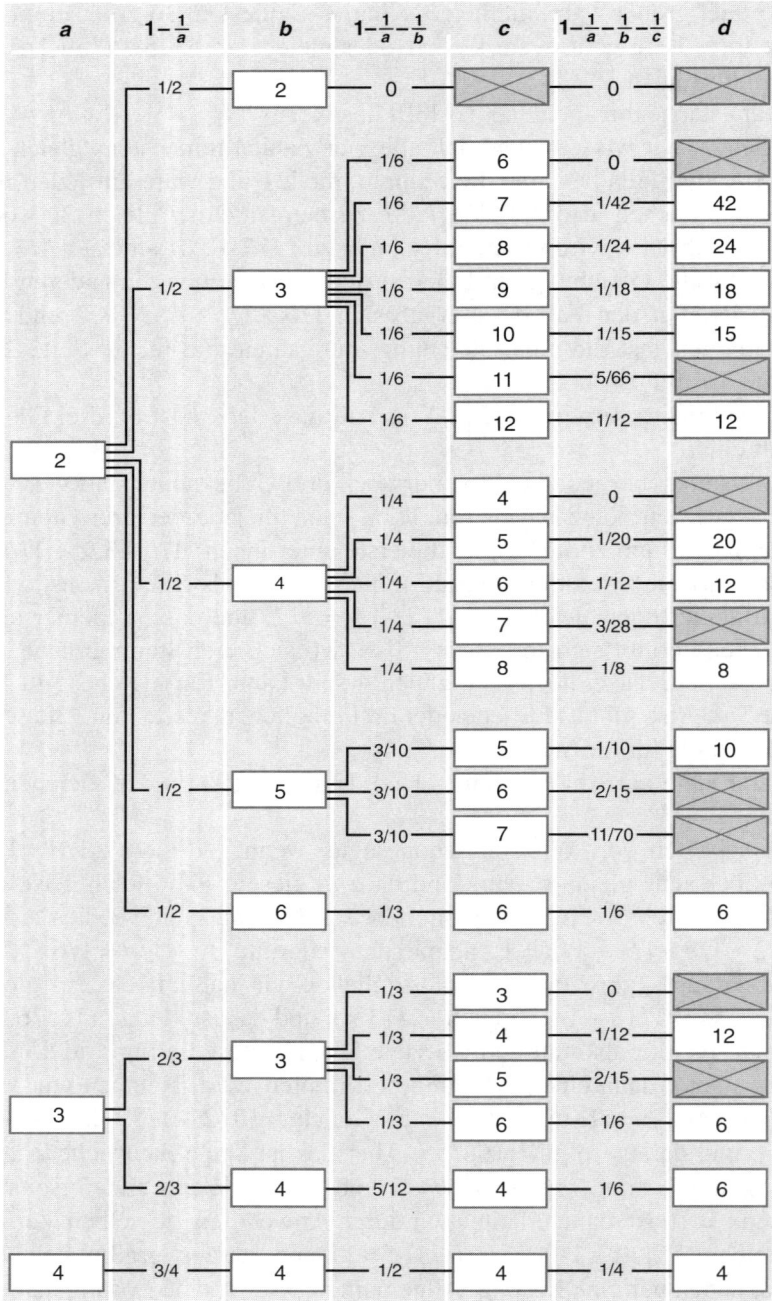

Bild 2: Die diophantische Gleichung $1/a + 1/b + 1/c + 1/d = 1$ hat für natürliche Zahlen $a \leq b \leq c \leq d$ genau 14 Lösungen. Die durchgestrichenen Kästchen bezeichnen Fälle, in denen sich für die entsprechende Zahl ein Bruch oder null ergibt.

positive ganze Zahlen sein sollen. Stets gibt es nur endlich viele Möglichkeiten, einen gegebenen Bruch als ägyptischen Bruch mit einer festen Anzahl von Summanden zu schreiben. Alle Lösungen kann man durch eine Folge einfacher Schlüsse finden."

Mustafa hustete und spuckte Blut. „Du scheinst einen sehr allgemeinen Satz bewiesen zu haben, Ali."

„So ist es. Und jetzt gib mir ein paar Minuten Zeit, damit ich alle Lösungen deiner Gleichung berechnen kann." Ali kritzelte in fieberhafter Eile.

„Ich habe genau 14 verschiedene Lösungen gefunden", erklärte er wenig später (Bild 2). „Und nun sehen wir, wie dein Wunsch erfüllt werden kann. Die erste Lösung in meiner Tabelle lautet $1/2 + 1/3 + 1/7 + 1/42 = 1$. Wenn du 41 Kamele hättest, verehrter Freund, dann könntest du verfügen, daß dein ältester Sohn die Hälfte der Herde erben soll, dein zweiter Sohn ein Drittel und dein dritter ein Siebentel. Wenn du dann stirbst – was Allah verhüten möge –, müssen sie ein zweiundvierzigstes Kamel finden, damit die Teilung aufgeht. Der älteste Sohn wird dann 21, der zweite 14 und der dritte 6 Kamele erhalten."

Der sterbene Mann drückte dem Barbier die Hand. „Allah hat meine Gebete erhört. Ich muß nur noch zwei weitere Kamele beschaffen. Laß sofort das Testament aufsetzen . . ."

Draußen vor dem Zelt war ein Tumult entstanden, und plötzlich stürmte ein kleiner Junge herein. Der Fürst blickte ihn mit festem, aber freundlichem Blick an. „Hamid, mein Sohn? Näherst du dich dem Oberhaupt deiner Familie immer so respektlos?"

„Ich bitte um Vergebung, großer Mustafa Ibn Muchta. Aber es gibt eine freudige Nachricht zu vermelden. Deine dritte Frau Fatima hat dir soeben einen Sohn geboren! Deinen vierten Sohn!"

Literaturhinweise

Ali Baba und die 39 Kamele. Ergötzliche Geschichten von Zahlen und Menschen. Von Karl Menninger. 13. Auflage, Aulis-Deubner, Köln 1992.

Riddles in Mathematics. A Book of Paradoxes. Von Eugene P. Northrop. Krieger, 1975.

Unsolved Problems in Number Theory. Von H. Croft und R. K. Guy. Springer, Heidelberg 1981.

Zahlreichen Lesern ist aufgefallen, daß der sterbende Beduinenfürst Mustafa Ibn Muchta mit manchen der Vorschläge seines Barbiers Ali nicht zufrieden gewesen wäre. Mindestens 39 Kamele sollten so auf Mustafas drei Söhne aufgeteilt werden, daß die Teilung erst durch Hinzufügen eines weiteren Kamels, das hinterher wieder übrigbleibt, glatt aufgeht. Die vierzehn angegebenen Lösungen erfüllen zwar die daraus hergeleitete diophantische Gleichung $1/a + 1/b + 1/c + 1/n = 1$, zwei unter ihnen, nämlich (3, 4, 4, 6) und (2, 3, 10, 15), jedoch nicht die ursprüngliche Forderung, daß kein Kamel zerteilt werden soll. Im ersten Fall bekämen der zweite und dritte Sohn je 1,5 Tiere, im zweiten Fall der erste 7,5 und der dritte 1,5 Tiere.

Durch die Geburt seines vierten Sohnes verwandelt sich Mustafas Problem in die fünfgliedrige Gleichung $1/a + 1/b + 1/c + 1/d + 1/n = 1$. Der Bedingung, daß kein Kamel zerteilt werden darf, entspricht die Forderung, daß a, b, c und d Teiler von n (der Anzahl der Kamele) sein müssen. Horst Walter aus Darmstadt berechnete 77 Lösungen der Gleichung, welche die Zusatzforderung erfüllen (Bild 3), darunter zwei, die mit den 39 schon vorhandenen Kamelen auskommen.

a	b	c	d	n	a	b	c	d	n	a	b	c	d	n
2	3	7	43	1806	2	3	12	13	156	2	4	9	9	36
2	3	7	44	924	2	3	12	14	84	2	4	10	10	20
2	3	7	45	630	2	3	12	15	60	2	4	12	12	12
2	3	7	48	336	2	3	12	16	48	2	5	7	7	70
2	3	7	49	294	2	3	12	18	36	2	5	10	10	10
2	3	7	56	168	2	3	12	24	24	2	6	6	7	42
2	3	7	63	126	2	3	13	13	78	2	6	6	8	24
2	3	7	84	84	2	3	14	14	42	2	6	6	9	18
2	3	8	25	600	2	3	15	15	30	2	6	6	12	12
2	3	8	26	312	2	3	18	18	18	2	7	7	7	14
2	3	8	27	216	2	4	5	21	420	2	8	8	8	8
2	3	8	28	168	2	4	5	22	220	3	3	6	7	42
2	3	8	30	120	2	4	5	24	120	3	3	6	8	24
2	3	8	32	96	2	4	5	25	100	3	3	6	9	18
2	3	8	36	72	2	4	5	30	60	3	3	6	12	12
2	3	8	48	48	2	4	5	40	40	3	3	7	7	21
2	3	9	19	342	2	4	6	13	156	3	3	9	9	9
2	3	9	20	180	2	4	6	14	84	3	4	5	5	60
2	3	9	21	126	2	4	6	15	60	3	4	6	6	12
2	3	9	24	72	2	4	6	16	48	3	5	5	5	15
2	3	9	27	54	2	4	6	18	36	3	6	6	6	6
2	3	9	36	36	2	4	6	24	24	4	4	4	5	20
2	3	10	16	240	2	4	8	9	72	4	4	4	6	12
2	3	10	18	90	2	4	8	10	40	4	4	4	8	8
2	3	10	20	60	2	4	8	12	24	5	5	5	5	5
2	3	10	30	30	2	4	8	16	16					

Bild 3: Horst Walter aus Darmstadt berechnete 77 Lösungen des Kamel-Aufteilungsproblems mit vier Söhnen, entsprechend der diophantischen Gleichung $1/a + 1/b + 1/c + 1/d + 1/n = 1$ mit der Zusatzbedingung, daß die natürlichen Zahlen a, b, c und d Teiler von n sind. Die grau unterlegten Lösungen passen auf eine Herde von 39 Kamelen.

13
Mord auf Schloß Ghastleigh

Es hätte ein perfekter Mord werden können. Nur hatte der heimtückische Mörder übersehen, daß man sein Alibi mit Mitteln der Topologie widerlegen konnte.

In seinem Gewächshaus im Garten
steht in grüner Schürze ein Mann,
der Gärtner rührt mehrere Arten
von Gift gegen Blattläuse an.
Der Gärtner singt, pfeift und lacht verschmitzt,
seine Heckenschere, die funkelt und blitzt,
Sense, Spaten und Jagdgewehr stehn an der Wand,
da würgt ihn von hinten eine meuchelnde Hand.
Der Mörder war nämlich der Butler,
und der schlug erbarmungslos zu.
Der Mörder ist immer der Butler –
man lernt eben täglich dazu.

Reinhard Mey
„Der Mörder ist immer der Gärtner"

Sherlock Holmes spielte in der Baker Street 221 B gerade auf seiner Violine, als ich ihn unterbrechen mußte.

„Wir haben soeben einen Brief erhalten, in dem es um eine äußerst dringende Angelegenheit geht."

„Bitte lesen Sie ihn mir vor, Watson."

„Er kommt aus Schloß Ghastleigh in Finsterville."

Lieber Mr. Holmes,
ein grausiges Verbrechen hat sich ereignet. Miss Melpomene Beetroot wurde mit einem Leuchter erschlagen. Die Polizei steht vor einem Rätsel. Bitte helfen Sie uns, diese schreckliche Tat aufzuklären.

Cornelian, Herzog von Ghastleigh

„Wir haben keine Zeit zu verlieren. Packen Sie unsere Sachen und rufen Sie eine Droschke, die uns zum Bahnhof bringt. Dieser Fall wird zweifellos unseren ganzen Scharfsinn erfordern."

Das alte Schloß Ghastleigh oberhalb des Dorfes Finsterville besteht aus 46 Türmen, die in drei konzentrischen Kreisen mit dem Bergfried in der Mitte angeordnet sind. Verbunden sind sie durch schmale Stege, die mehrere Geschosse hoch über dem Erdboden verlaufen. Der einzige Zugang zum Schloß ist eine Zugbrücke vor dem westlichsten Turm (Kasten auf Seite 135).

Der Butler namens Hugh Dunnett empfing uns dort und führte uns über eine Wendeltreppe und einen Steg in einen benachbarten Turm, wo uns der Herzog von Ghastleigh begrüßte.

„Oh, Mr. Holmes! Ich kann Ihnen nicht genug danken."

„Keine Ursache."

„Es geschah in Miss Beetroots Zimmer. Wünschen Sie es zu inspizieren?"

„Ich bitte darum, Eure Lordschaft."

„Bitte folgen Sie mir, Gentlemen", sagte der Herzog. „Jeder Turm von Schloß Ghastleigh besteht aus einem einzigen großen Raum; in jedem wohnt ein Mitglied unserer weitverzweigten Familie."

Erste Untersuchung

Wir betraten Miss Beetroots Turm. „Hier geschah die ruchlose Tat", seufzte der Herzog. „Von der Deckenmitte hing ein großer, schwerer Kronleuchter, aber der Mörder sorgte irgendwie dafür, daß er herabfiel. Und die arme Melpomene schlief unmittelbar darunter."

„Wer fand die Leiche?" fragte ich.

„Ich", sagte der Butler. „Genauer gesagt, was davon noch übrig war, Sir."

„Sie waren der letzte, der Miss Beetroot lebend gesehen hat?"

„Abgesehen vom Mörder, ja."

Holmes, der den Raum mit seinem Vergrößerungsglas abgesucht hatte, unterbrach seine Bemühungen. „Ich fürchte, hier werden wir keine Hinweise finden, Watson", sagte er. „Die Polizei hat den Raum vollständig durcheinandergebracht." Er blickte umher. „Zu wessen Turm führt diese Tür?"

„Zum Bergfried. Dort residiert die Herzogin von Armlighter", antwortete Dunnett.

„Könnte sie die Mörderin sein?"

„Dunnett allein besitzt die Schlüssel", sagte der Herzog. „Sie sind extrem kompliziert und unmöglich nachzumachen, denke ich. Außerdem ist die Herzogin äußerst schwerhörig und verbringt die meiste Zeit schlafend."

Holmes nickte. „Waren alle Bewohner in der Mordnacht in ihren Zimmern?"

„Das ist so gut wie sicher", seufzte der Herzog. „Alle meine Verwandten werden für die Nacht in ihren Zimmern eingeschlossen. Mein Großvater, der erste Herzog von Ghastleigh, hatte panische Angst vor der Einsamkeit. Deshalb bestimmte er in seinem Testament, daß jeder seiner Nachkommen jede Nacht im Schloß verbringen muß, widrigenfalls er enterbt wird."

Die Topologie des Tatorts

Für den kriminalistischen Scharfsinn des Sherlock Holmes reduziert sich die komplizierte Architektur von Schloß Ghastleigh, dem Schauplatz des Verbrechens, auf einen vergleichsweise schlichten Grundriß. Die Kreise bezeichnen die Türme, in denen die Schloßbewohner residieren, die Striche zwischen den Kreisen die Verbindungsstege. Miss Beetroot wurde in ihrem Zimmer ermordet; im zentralen Bergfried ruhte die schwerhörige Herzogin von Armlighter. Für die Analyse betrachtet man zweckmäßig die Teilflächen, in welche die Ebene durch Türme und Stege aufgeteilt wird. Die Zahlen geben an, wie viele Stege jeden der Zwischenräume begrenzen. Das Äußere des Schlosses gilt ebenfalls als Zwischenraum.

Eingangsturm

Herzog von Ghastleigh

Lady Scarescrew

Graf Frankenstone

Miss Beetroot

Herzogin von Armlighter

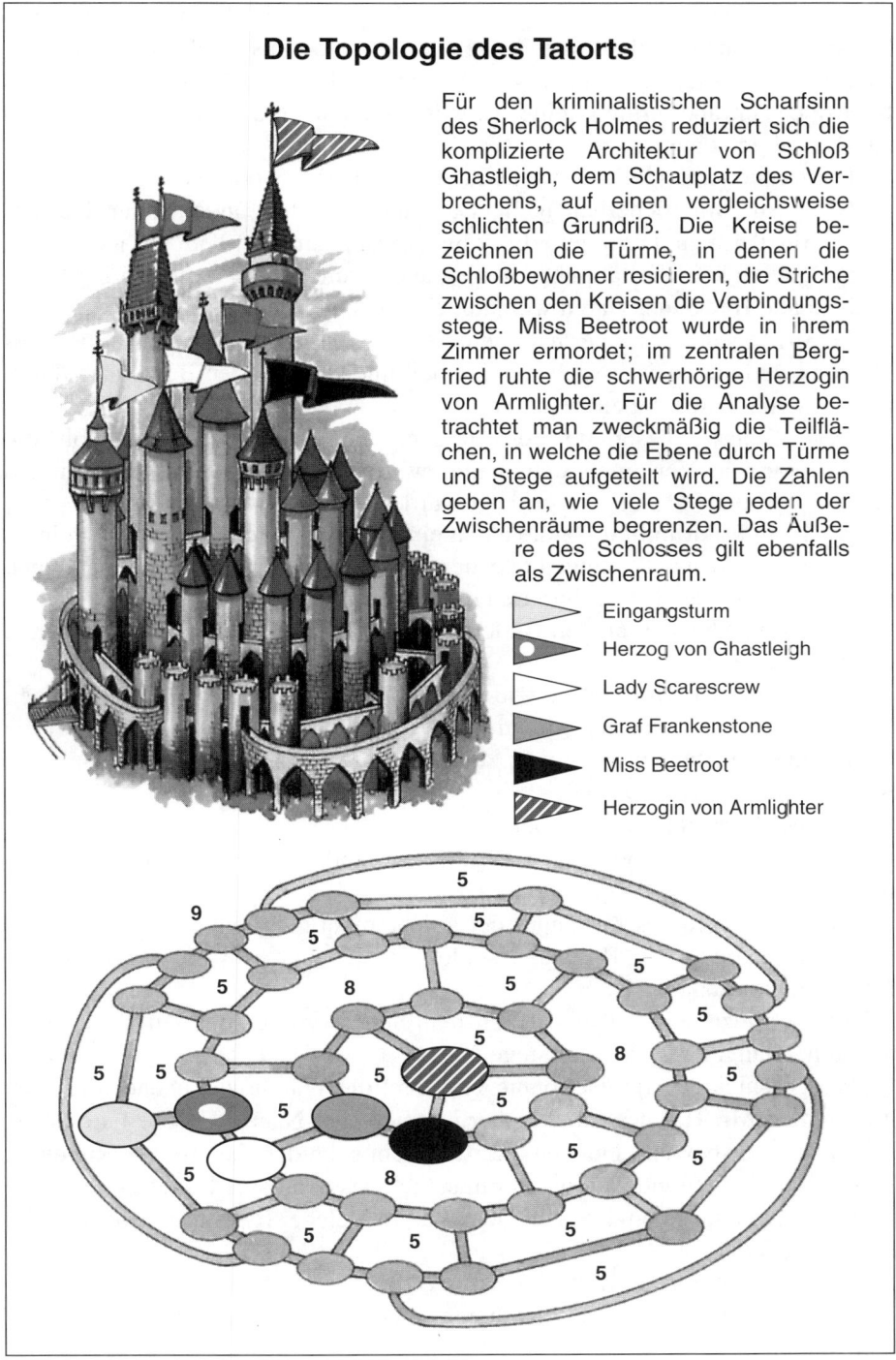

„So ist es, Sir", versetzte Dunnett. „Ich überprüfe jede Nacht alle Türme der Reihe nach und verschließe die Zwischentüren. Morgens mache ich wieder die Runde und öffne. An jenem schrecklichen Morgen klopfte ich an Miss Beetroots Tür, aber erhielt keine Antwort. Ich machte mir Sorgen und schloß auf. Da sah ich dann . . . nun ja . . ."

„Hat irgend jemand in der Nacht das Schloß betreten oder verlassen?"

„Nein, Sir. Mit Sicherheit nicht. Das kann man nur, indem man über die Stege von Turm zu Turm geht, bis zum Eingangsturm, in dem ich jede Nacht verbringe. Ich kann bestätigen, daß niemand hereinkam oder hinausging."

„Und alle Bewohner waren wohlauf, als Sie sie einschlossen?"

„Ja, Sir. In jedem Zimmer hängt ein Seil, das mit einer Glocke im Turm des Herzogs verbunden ist. Nach der Schließrunde muß jeder Bewohner durch Läuten seine Anwesenheit bestätigen."

„Das stimmt", bestätigte der Herzog. „Ich überprüfe damit, ob die testamentarische Verfügung eingehalten wird. Mein Protokoll weist nach, daß an jenem Abend jede Glocke geläutet wurde."

„Auch ein Eindringling könnte leicht eine Glocke läuten", wandte ich ein.

„Nein, Dr. Watson", entgegnete der Herzog. „Jeder Bewohner hat einen persönlichen Code, der nur ihm und mir bekannt ist."

Holmes wandte sich an den Butler. „Haben Sie irgendeinen Turm mehr als einmal betreten?"

„Aber nein, Mr. Holmes", erwiderte dieser entrüstet. „Auf meinen Runden betrete ich jeden Turm nur einmal – das ist eine geheiligte Regel. Ich würde nicht wagen, jemanden nochmals zu stören, nachdem ich ihn eingeschlossen habe."

Holmes versuchte auf anderem Wege Klarheit zu gewinnen. „Eure Lordschaft, hat die Polizei den ungefähren Todeszeitpunkt feststellen können?"

„Das war wegen des Zustandes der Leiche nicht möglich, Mr. Holmes. Aus der Austrocknung der Blutlache schlossen sie, daß es wahrscheinlich vor Mitternacht geschah."

Holmes runzelte die Stirn. „Kann man anders von einem Turm zu einem anderen gelangen als über die Stege?"

„Ein geschickter Alpinist könnte vielleicht die Wände von ebener Erde aus erklimmen, Mr. Holmes; aber sicherlich nicht bei Nacht. Unsere Familie ist sehr sicherheitsbewußt. Dunnetts letzte Pflicht nach der abendlichen Runde ist es, ein Rudel Bluthunde auf dem Grundstück des Schlosses loszulassen."

Holmes wandte sich wieder an Dunnett. „In welcher Reihenfolge suchen Sie die Türme auf?"

„Das ist verschieden, Sir."

„Können Sie sich erinnern, welchen Weg Sie am Vorabend des Mordes nahmen?"

136

„Nein, Sir."

„Sehr schade." Holmes schüttelte traurig den Kopf. „Watson, wir werden ein Zimmer für die Nacht mieten müssen. Hier können wir nichts mehr tun."

„Aber, Mr. Holmes, der Mord . . ."

„Ich habe damit nicht gesagt, Eure Lordschaft, daß ich das Verbrechen nicht aufklären kann. Ich wollte nur ausdrücken, daß unsere Untersuchungen hier abgeschlossen sind. Dr. Watson und ich haben noch etwas zu arbeiten, und ich bin sicher, daß ich Ihnen wenig später den Täter nennen kann. Dunnett, bitte rufen Sie uns eine Kutsche."

Die Überführung des Mörders

Wir fanden eine gemütliche Gastwirtschaft im Dorf. „Holmes, meinen Sie das wirklich, was Sie dem Herzog angekündigt haben? Daß Sie bald den Mörder nennen können?"

„Watson, wann habe ich je einen Herzog beschwindelt?"

„Aber Holmes, unser Material ist sehr dürftig."

„Unfug, Watson! Lassen Sie uns die wesentlichen Fakten zusammenfassen. Miss Beetroot wurde vor Mitternacht getötet. Wegen der Hunde kann niemand heraus- oder hineingelangt sein. Der Mörder ist folglich einer der Bewohner von Schloß Ghastleigh.

Dunnett pflegt die Bewohner in ihre jeweiligen Räume einzuschließen; danach meldet jeder seine Anwesenheit dem Herzog. Genauer gesagt, Dunnett geht vom Eingangsturm aus los und kehrt wieder dorthin zurück. Dabei betritt er jeden Raum genau einmal. Die einzigen Bewohner, die nach dem Verschließen der Zimmer Miss Beetroots Raum betreten haben könnten, ohne gesehen zu werden, sind ihre unmittelbaren Nachbarn. Aber dafür hätten sie einen Schlüssel gebraucht; Dunnett verwahrt die Schlüssel, und man kann sie nicht nachmachen. Wer könnte also den Mord begangen haben?"

„Hm – oh, Dunnett natürlich! Er könnte zu Miss Beetroots Raum zurückgekehrt sein, nachdem sie ihre Anwesenheit mit der Glocke gemeldet hatte."

„Genau. Die Herzogin von Armlighter, die im benachbarten Bergfried wohnt, ist stocktaub und hat einen festen Schlaf. Dort konnte Dunnett warten, bis Miss Beetroot geläutet hatte, und zurückkehren, um sie zu töten."

„Mit dem Leuchter?"

„Er tötete sie mit einer anderen Waffe – einem Stück Bleirohr vielleicht – und löste dann den Leuchter vom Haken, so daß er herunterfiel und die Spuren verwischte."

„Eine interessante Theorie."

Er nickte. „Aber bis jetzt nur eine Theorie, Watson. Wie können wir beweisen, daß Dunnett der Mörder war? Die Herzogin von Armlighter schlief weiter, als er zurückkam, und dann hat er seine Runde wie üblich fortgesetzt, als ob nichts geschehen wäre."

„Der Lärm beim Aufschlag des Leuchters hätte sicherlich jemanden aufgeweckt …"

„Die Türme haben dicke Mauern und stehen weit entfernt voneinander. Nein, man hätte nichts gehört."

„Dunnett hätte sich auf seiner Runde verspätet …"

„Nur ein paar Minuten. Nicht genug, um aufzufallen."

Ich schlug vor Zorn mit der Faust auf den Tisch. „Dann müssen wir uns geschlagen geben, Holmes! Es kann nur Dunnett gewesen sein, aber der Lump kommt ungestraft davon."

Holmes lachte. „Aber nicht doch, Watson. Wenn wir Glück haben, wird ihm seine eigene Aussage zum Verhängnis werden." Er reichte mir ein Blatt Papier, auf das er einen Grundriß von Schloß Ghastleigh gezeichnet hatte. „Ich habe eine einfache Denkaufgabe für Sie. Dunnett behauptet, daß seine abendlichen Runden ihn durch jeden Turm genau einmal führen. Er kann nur über die Stege von einem Turm zum nächsten gelangen. Vielleicht finden Sie für mich eine solche Route."

„Bestimmt, Holmes. Es muß Hunderte geben."

„Um ehrlich zu sein, ich vermute, daß es nicht eine einzige gibt. Was ich Sie zu finden bat, ist ein Hamiltonscher Kreis: ein geschlossener Weg in einem Netzwerk, der jeden Knoten genau einmal aufsucht. Der irische Mathematiker und Astronom Sir William Rowan Hamilton hat – neben vielen anderen Dingen – ein Puzzle ersonnen und auf den Markt gebracht, bei dem genau nach solch einem Weg entlang den Kanten eines Ikosaeders gefragt wird. Außer systematischem Probieren kennt man keine sichere Methode, um festzustellen, ob es in einem gegebenen Netzwerk einen Hamiltonschen Kreis gibt."

„Dann kann Dunnett seinen Kopf aus der Schlinge ziehen, denn dieses Netzwerk ist zu groß, um alle denkbaren Wege durchzuprobieren."

Die Grinbergsche Formel

„Nicht unbedingt, Watson. Vielleicht haben wir Glück. Ich hatte da kürzlich eine Idee, die erst in hundert Jahren ein lettischer Mathematiker namens E. J. Grinberg auf Russisch zu Papier bringen wird. Jedes ebene Netzwerk muß eine gewisse Bedingung erfüllen, wenn es einen Hamiltonschen Kreis haben soll. Wir werden feststellen, ob die Türme des Schlosses diese Bedingung erfüllen. Überprüfen Sie bitte meine Analyse."

„Ich werde mein Bestes tun, Holmes."

„Stellen Sie sich ein Netzwerk vor, das in einer Ebene gezeichnet werden kann. Das ist höchst wichtig. Obwohl die Stege von Schloß Ghastleigh nicht ebenerdig liegen, kreuzen sie einander nicht. Nehmen wir irgendein Netzwerk mit n Knoten und einer Anzahl von Kanten, die diese Knoten miteinander verbinden (siehe Kasten Seite 140). Angenommen, es gebe einen Hamiltonschen Kreis ..."

„Das heißt", unterbrach ich ihn, „da es nur auf die gegenseitige Lage der Punkte, aber nicht auf Längen und Winkel ankommt, kümmert es uns nicht, ob dieser Rundweg durch das Netzwerk einem gewöhnlichen Kreis ähnelt."

„Richtig. Aus dieser Annahme können wir gewisse Eigenschaften des Netzwerks ableiten. Erstens hat der Hamiltonsche Kreis genau n Kanten, denn er durchläuft jede Ecke genau einmal. Zweitens ist er ein Polygon, das sich nicht selbst überschneidet und daher die ganze Ebene in ein Inneres und ein Äußeres zerlegt. Die Kanten, die nicht zu dem Kreis gehören, sind Diagonalen des Polygons; sie liegen entweder ganz im Inneren oder ganz im Äußeren des Kreises. Das Innengebiet wird durch diese Diagonalen in Teilgebiete zerlegt. Wenn es d Diagonalen gibt, dann muß die Anzahl dieser Gebiete gleich $d + 1$ sein."

„Warum das, Holmes?"

„Stellen Sie sich vor, Sie fügen die Diagonalen eine nach der anderen in das Innengebiet ein. Der Hamiltonsche Kreis selbst begrenzt ein Gebiet, und jede Diagonale erhöht die Anzahl der Gebiete genau um 1.

Nun gibt es aber noch eine andere Möglichkeit, die Anzahl der Gebiete zu bestimmen. Jedes Gebiet hat eine gewisse Anzahl Seiten – die Kanten des Netzwerkes, die das Gebiet begrenzen. Es sei f_j die Anzahl der Gebiete mit genau j Seiten. Dann ist die Gesamtzahl der inneren Gebiete auch gegeben durch $f_2 + f_3 + \ldots + f_n$. Daher gilt $f_2 + f_3 + \ldots + f_n = d + 1$."

„Viele dieser f_j sind gleich null, oder?"

„Ja. Als nächstes finde ich zwei verschiedene Ausdrücke für die Anzahl der Kanten, die diese Gebiete begrenzen. Jedes Gebiet mit j Seiten wird von j Kanten begrenzt. Alle Gebiete mit j Seiten tragen also $j f_j$ zur Gesamtzahl der Kanten bei."

„Somit wäre diese Anzahl gleich $2f_2 + 3f_3 + \ldots + nf_n$?"

„Nun, nicht ganz. Ich habe jede der d Diagonalen doppelt gezählt, weil sie von zwei Gebieten begrenzt wird, die n Kanten des Kreises dagegen nur einmal. Daher gilt $2f_2 + 3f_3 + \ldots + nf_n = 2d + n$. Ich multipliziere nun die erste Gleichung mit 2 und ziehe sie von der zweiten ab:

$$f_3 + 2f_4 + 3f_5 + \ldots + (n-2)f_n = n - 2.$$

Eine entsprechende Gleichung ergibt sich für das Äußere des Kreises:

Die Grinbergsche Formel und ihre Anwendung auf Schloß Ghastleigh

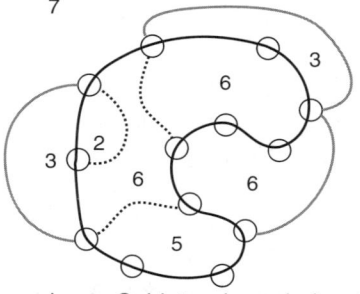

Das nebenstehend dargestellte Netzwerk hat 13 Knoten, die durch 19 Kanten miteinander verbunden sind. Der schwarz eingezeichnete geschlossene Weg verläuft genau einmal durch jeden Knoten. Ein solcher Weg heißt ein Hamiltonscher Kreis. Die Kanten, die nicht zum Kreis gehören, heißen innere (gestrichelt) beziehungsweise äußere (grau) Diagonalen. Der Kreis und die Diagonalen zerlegen die Ebene in mehrere Gebiete, deren jedes durch eine gewisse Anzahl Kanten begrenzt wird.

Es sei f_j die Anzahl der Gebiete innerhalb des Kreises, die von j Kanten begrenzt werden. Dann ist $f_2 = 1$, $f_5 = 1$ und $f_6 = 2$. Entsprechend sei g_j die Anzahl der Gebiete außerhalb des Kreises, die von j Kanten begrenzt werden. Es gilt $g_3 = 2$, $g_6 = 1$ und $g_7 = 1$. Da das Netzwerk einen Hamiltonschen Kreis enthält, muß die Grinbergsche Formel gelten, die in diesem Falle besagt:

$$(f_3 - g_3) + 2(f_4 - g_4) + 4(f_6 - g_6) + 5(f_7 - g_7) = 0.$$

Wenn man die Werte für f_j und g_j einsetzt, erhält man

$$(0 - 2) + 2(0 - 0) + 3(1 - 0) + 4(2 - 1) + 5(0 - 1),$$

und das ist tatsächlich gleich 0.

Wenn es, wie der Butler Hugh Dunnett behauptet, möglich wäre, auf einem geschlossenen Rundweg jeden Turm von Schloß Ghastleigh genau einmal aufzusuchen, müßte auch für dieses Netzwerk die Grinbergsche Formel gelten. Das ist aber unmöglich, einerlei, welche Gebiete man dem Inneren beziehungsweise dem Äußeren zuschreibt. Der Butler mußte mindestens einen Turm zweimal betreten – zum Beispiel den von Miss Beetroot (unten).

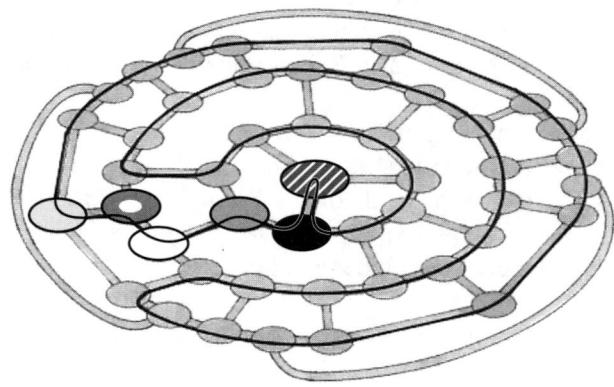

$$g_3 + 2g_4 + 3g_5 + \ldots + (n-2)g_n = n - 2,$$

wobei g_j die Anzahl der Gebiete ist, die außerhalb des Kreises liegen und von j Seiten begrenzt werden. Zieht man schließlich die eine Gleichung von der anderen ab, so ergibt sich die Grinbergsche Formel:

$$(f_3 - g_3) + 2(f_4 - g_4) + 3(f_5 - g_5) + \ldots + (n-2)(f_n - g_n) = 0.$$

„Elegant, Holmes. Aber ich sehe den Zusammenhang mit Dunnetts Schuld nicht. Wir haben keine Ahnung, welche Werte f_j und g_j annehmen könnten. Und falls es gar keinen Hamiltonschen Kreis gibt, dann gibt es solche Werte überhaupt nicht."

„Das ist es ja gerade. Wenn wir beweisen können, daß es diese Werte nicht geben kann, haben wir zugleich die Existenz eines Hamiltonschen Kreises widerlegt. Nun, Watson, wenn Sie das Netzwerk für Schloß Ghastleigh untersuchen, dann finden Sie, daß alle seine Gebiete fünf, acht oder neun Seiten haben. Wenn es also einen Hamiltonschen Kreis gibt, dann muß nach der Grinbergschen Formel gelten:

$$3(f_5 - g_5) + 6(f_8 - g_8) + 7(f_9 - g_9) = 0.$$

Es gibt aber nur ein neunseitiges Gebiet, nämlich das gesamte Außengebiet; daraus folgt $f_9 = 0$ und $g_9 = 1 \ldots$ Ha! Jetzt haben wir ihn. Denn jetzt wissen wir, daß $3(f_5 - g_5) + 6(f_8 - g_8) = 7$ sein müßte. Diese Gleichung ist aber unlösbar, denn f_5, g_5, f_8 und g_8 müssen ganze Zahlen sein; deshalb liefert die linke Seite der Gleichung nur Vielfache von 3, während die rechte gleich 7 sein muß."

„Also kann es keinen Hamiltonschen Kreis geben! Dunnett lügt. Holmes, ich bin sprachlos vor Bewunderung."

Er lächelte. „Danke, Watson. Dunnett muß wenigstens einen Turm zweimal betreten haben. Und das muß Miss Beetroots Turm gewesen sein – welchen anderen Grund hätte er, uns anzulügen? In der Tat, es gibt eine Route, die alle Türme genau einmal besucht – außer dem von Miss Beetroot (Kasten auf Seite 140). Morgen werden wir Dunnett mit den Beweisen konfrontieren."

„Wer hätte gedacht, daß die rein theoretische Topologie dem Mörder zum Verhängnis wird!"

„Und die angewandte erst . . ."

„Wer ist der Anwender?"

„Der Henker. Knotentheorie ist ein Teil der Topologie."

Literaturhinweis

Graphentheorie. Von Rudolf Halin. 2., überarbeitete und erweiterte Auflage. Wissenschaftliche Buchgesellschaft, Darmstadt 1989.

14
Die surreale Kunst des Anatolii Fomenko

Der in Moskau lebende Mathematiker Anatolii Fomenko hat abstrakte Vorstellungen aus zahlreichen Gebieten der Mathematik in Bilder umgesetzt.

Oliver hatte Deirdre und mich in eine kleine Galerie in der Nähe des Sloane Square geschleppt. Deirdre las den Namen des Künstlers und fragte: „Wer ist Anatolii Fomenko?"

„Ein Mathematiker. Er arbeitet in Moskau, hauptsächlich in den Gebieten Topologie und Geometrie", antwortete ich, und Oliver fügte hinzu: „Er wurde 1945 in Donezk in der Ukraine geboren. Mit 13 Jahren begann er zu malen und Skulpturen zu machen. Seit Mitte der siebziger Jahre hat er nahezu 300 Gemälde und Zeichnungen zu mathematischen Themen angefertigt. Schau dir dieses an. Was ist das wohl?" (Bild 1)

„Eine Art Wolkenkratzer mit Punktmustern darauf", wagte ich zu raten.

„Die kleine Frau oben auf dem Dach ist niedlich", sagte Deirdre. „Aber was ist das merkwürdige Ding neben ihr, das wie eine Skulptur von Henry Moore aussieht?"

„Keine Ahnung", erwiderte Oliver. „Ian, zähl doch die Kreise auf den Platten, aus denen die Wand des Hochhauses besteht. Von links oben angefangen."

„Hm… drei, eins, vier, eins, fünf, neun, zwei, sechs…"

„Klingt zufällig", sagte Deirdre.

„Ja. Nein… Ach so! 3,141 592 6! Das ist π!"

„Du hast es erfaßt, Ian. Wie steht es mit der rechten Wand?"

„Zwei sieben, eins, acht, zwei, acht… 2,71828, die Zahl e!"

„π kenne ich, aber was ist e?"

„Die Basis des natürlichen Logarithmus", erklärte Oliver.

„Stell dir vor, du würdest dein Geld mit 100 Prozent Zinsen anlegen", versuchte ich zu erläutern.

„Schön wär's."

„Und es würde nicht jedes Jahr abgerechnet, sondern jeden Monat. Dann wäre das günstiger für dich, weil der Zinseszinseffekt sich bemerkbar macht."

„Dann will ich täglich abrechnen."

Bild 1: „Die bemerkenswerten Zahlen Pi und e, I" (1986).

„Noch besser. Oder jede Stunde, Minute, Sekunde… Wenn du unendlich kurze Zeiten nimmst, hast du nach einem Jahr das *e*-fache deines Kapitals…"

Deirdre interessierte sich plötzlich lebhaft für die schaumartig angeordneten Kreise auf den anderen Wänden. „Ich weiß nicht, wie man die zählen soll. Sie sind nicht irgendwie geordnet."

„Stimmt. Sie bilden ein Fraktal. Fomenko will darauf hindeuten, daß die zufällig wirkenden Ziffernfolgen von π und e so scheinbar regellos und doch strukturiert sind wie Fraktale."

„Und die Frau auf dem Dach?"

„Was sie betrachtet, ist ein stark verzerrter Krapfen, das, was die Topologen einen Torus nennen."

„Warum?"

„Wahrscheinlich mag sie Krapfen."

Exotische topologische Gebilde

„Oh. Schau, hier ist noch ein deformierter Krapfen. Was ist das?"

„Topologie. Eigenschaften von Formen, die unter beliebigen Deformationen erhalten bleiben. Die Welt ist stetig, die Natur macht keine Sprünge. Das ist die mathematische Theorie dazu" (Bild 2).

„Was du nicht sagst. Was sind diese drei Dinger im Vordergrund?"

„Das sind intelligente Kreaturen aus einer fernen Welt. Sie schauen in die große Halle eines Schlosses hinunter, wo eine Prozession topologischer Formen vorbeizieht. Der vorderste Torus in der mittleren Reihe ist gerade damit beschäftigt, sich umzustülpen. Du kannst das selbst mit einem Autoschlauch versuchen. Schneide ein Loch hinein und zieh den Schlauch hindurch. Was glaubst du, was dabei herauskommt?"

„Gummisalat", vermutete Oliver.

„Nein. Du erhältst wieder einen Torus. Aber statt eines dünnen Schlauchs mit einem großen Loch in der Mitte bekommst du einen dicken Schlauch mit einem kleinen Loch."

„Was ist das für eine Halskette unten links, im Schatten des Pfeilers?"

„Das ist die Antoinesche Menge der Topologie. Louis-Auguste Antoine (1888 bis 1971), der an der Universität Rennes wirkte, hat sie 1921 vorgestellt. Nimm einen Torus und ersetze ihn durch eine Kette aus ineinanderhängenden Tori in seinem Inneren. Jedes Kettenglied ersetze wieder durch eine kleinere Kette, und so weiter, unendlich oft. Das Gebilde, das sich im Grenzwert ergibt, ist ein Beispiel für eine total unzusammenhängende Menge : eine, die keine zusammenhängenden Teilmengen enthält, außer einzelnen Punkten. Aber ihr Komplement ist gleichwohl nicht einfach zusammenhängend: Es ist unmöglich, etwa ein Glied aus irgendeiner der Ketten herauszunehmen. So dünn die Punktmenge ist, sie würde dich daran hindern.

Antoine gilt als der Gründer der französischen Topologenschule. Er war übrigens blind und meinte, das habe für einen Geometer gewisse Vorzüge. Man werde in seinem Denken über n-dimensionale Strukturen nicht dauernd von zweidimensionalen Bildern der Realität abgelenkt."

Bild 2: „Topologischer Zoo" (1967).

„Unvorstellbar. Und was ist das Ding daneben?"

„Eine Drahtschleife mit einer eingespannten Seifenhaut. Um 1850 fand der belgische Physiker Joseph Plateau heraus, daß sich elegant geformte Flächen aus Seifenhaut bilden, wenn man eine Drahtschleife in Seifenwasser taucht

146

und wieder herauszieht. Er suchte nach einer mathematischen Theorie für die Form einer Seifenhaut. Die Grundidee ist, daß ihre Oberfläche minimal sein soll unter der Bedingung, daß sie den Draht zum Rand hat" (siehe „Die Geometrie von Minimalflächen" von Hermann Karcher und Konrad Polthier, Spektrum der Wissenschaft, Oktober 1990, Seite 96).

„Warum?" fragte Oliver.

„Weil die Energie der Haut der Oberflächenspannung und diese der Oberfläche selbst proportional ist. Das Problem ist intensiv untersucht worden und nicht einfach. Wenn man beispielsweise ein reguläres Tetraeder eintaucht, bildet der Seifenfilm sechs ebene Dreiecke aus, die sich im Mittelpunkt des Tetraeders treffen. Plateau hat das experimentell gefunden. Aber erst 1976 konnten Frederick Almgren und Jean Taylor zeigen, daß diese Anordnung minimal ist."

„Plateau muß eine bemerkenswerte geometrische Intuition gehabt haben."

„Ja. Besonders wenn man bedenkt, daß Plateau zu dieser Zeit bereits blind war. Er hatte vorher optische Experimente angestellt und sein Augenlicht beim Beobachten der Sonne verloren."

„Oh. Was sind diese Muscheldinger mit Beinen, rechts oben?"

„Das sind die Teile eines Raumes, der Löcher bekommt, wenn man ihn entzweischneidet. Nur die Beine hat Fomenko dazuerfunden. Es handelt sich um ein Gegenbeispiel in der Theorie homologisch zusammenhängender Räume."

„Darüber will ich lieber nichts hören", murmelte Oliver.

„Ist wahrscheinlich besser so. Der Raum wird langsam in skorpionartige Gebilde zersägt. Der gelangweilt dreinblickende Mann an dem Tisch ist wahrscheinlich ein Buchhalter, der die Teile zählt. Seine Aufgabe nimmt kein Ende, denn es gibt unendlich viele von diesen Muscheln."

„Ein echter Buchhalter würde sich nicht langweilen. Er hätte seine Lebensaufgabe gefunden", wagte Oliver zu bemerken.

„Das Ganze hat etwas Surreales an sich", fand Deirdre.

„Es ist halt Mathematik. Fomenkos Kunst schöpft tief aus der mathematischen Psyche. Wenn du in einen Mathematikerkopf hineinschauen könntest, würdest du solche Dinge finden."

„Nun, das erklärt einiges. Sehen wir hier die Windungen eines Mathematikergehirns?" (Bild 3)

Umstülpung einer Sphäre

Ich lächelte leicht gequält. „Es ist eine ziemlich direkte Darstellung einer recht überraschenden Transformation. In seiner Doktorarbeit hat Stephen Smale 1959 gezeigt, daß man bei einer Kugeloberfläche die Innenseite nach außen

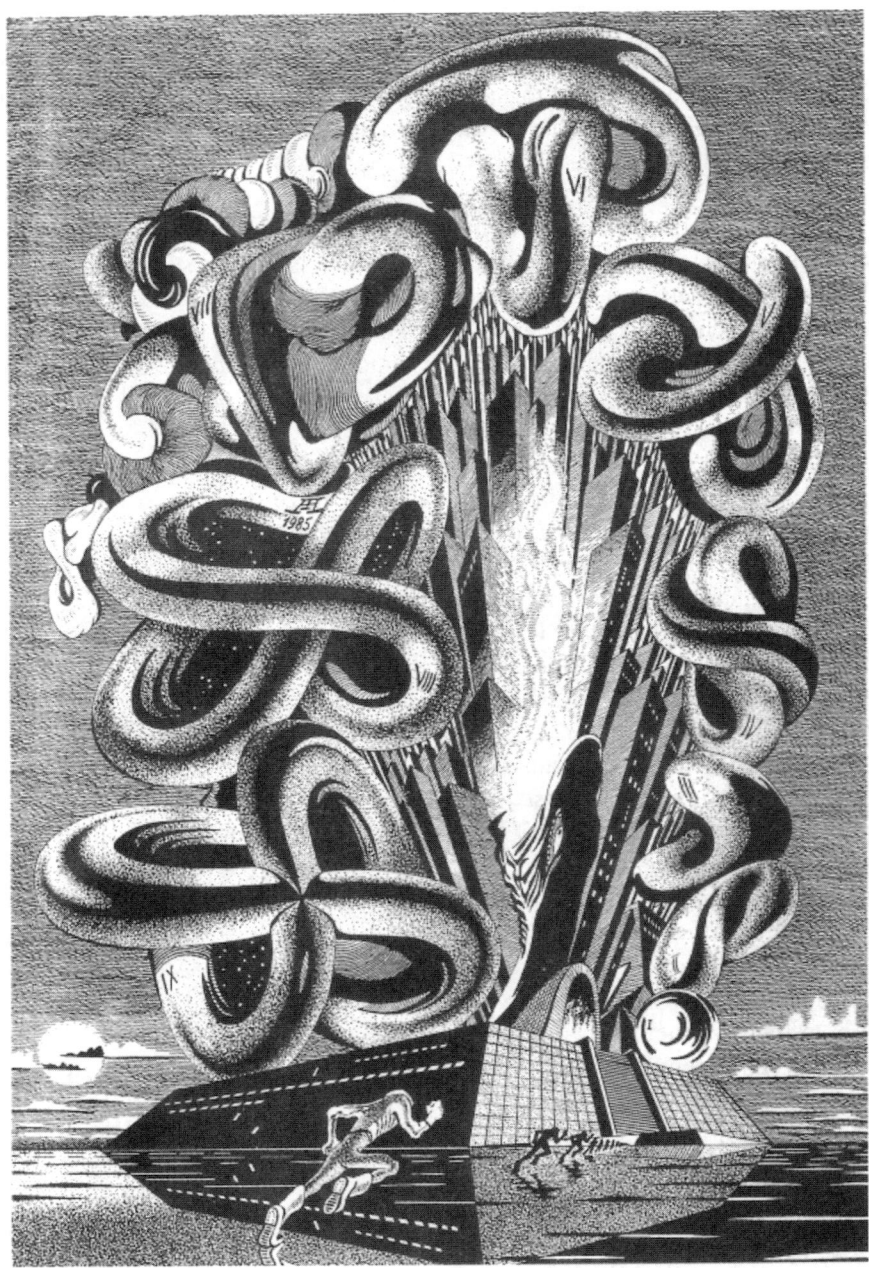

Bild 3 : „Eine 2-dimensionale Sphäre ist im 3-dimensionalen Raum umstülpbar" (1985).

stülpen kann. Sein Doktorvater wollte es zuerst gar nicht glauben."

„Das überrascht mich nicht !"

„Die Kugel darf sich durchdringen."

„Ach so. Dann ist es einfach."

„Nicht so einfach, wie du denkst. Du mußt die Fläche immer noch knickfrei halten. Genaugenommen fand Smale keinen konstruktiven Weg. Das gelang erst später Nicolaas Kuiper und Arnold Shapiro unabhängig voneinander. Bernard Morin, ein – ebenfalls blinder – Schüler von Antoine, hat Shapiros Methode dann in die elegante verwandelt, die hier dargestellt ist.

Das Bild zeigt rechts unten eine Sphäre. Wenn du entgegen dem Uhrzeigersinn weitergehst – Mathematiker machen das immer so, ich weiß auch nicht warum –, siehst du aufeinanderfolgende Stadien der Deformation bis zu der kreuzförmig verschlungenen Fläche links unten. Damit ist die Umstülpung zur Hälfte vollendet. An die Innenseite dieser Fläche schmiegt sich – unsichtbar – eine gleichartige Fläche. Deren Außenseite ist durch die komplizierte Folge der Verbiegungen aus der Innenseite der ursprünglichen Sphäre entstanden. Die sichtbare kreuzförmige Fläche ist also sozusagen doppelt vorhanden ; man nennt sie die zweifache Überlagerung einer eingebetteten projektiven Ebene. Eine projektive Ebene hat eigentlich nur eine Seite, wie eine Kleinsche Flasche."

„Was ist eine Kleinsche Flasche?"

„So etwas wie eine eingebettete projektive Ebene", erklärte Oliver.

„Du bist eine große Flasche, Oliver. Die Kleinsche Flasche ist nach dem Mathematiker Felix Klein (1849 bis 1925) benannt ; sie ist eine Fläche, die ebenso wie das Möbius-Band nur eine Seite hat. Wenn man glaubt, auf der Innenseite zu sein, läuft man ein Stück auf der Fläche entlang und findet sich auf der vermeintlichen Außenseite wieder, ohne einen Rand überquert zu haben.

Wenn nun die beiden Kreuzflächen einander durchdringen, so daß sie ihre Plätze vertauschen, dann werden Innen- und Außenseite auch vertauscht. Sodann läßt sich die ganze Folge von Deformationen rückwärts durchführen, und am Ende erhält man wieder die Kugelfläche – aber umgestülpt."

„Genial", kommentierte Oliver. „Das mittlere Stadium der eingebetteten projektiven Ebene ist sich so unsicher darüber, wo seine Innen- und wo seine Außenseite ist, daß man beide einfach vertauschen kann."

„Es gibt sie gar nicht", sagte ich, „aber wenn, dann hättest du völlig recht."

Wolken des Unendlichen

„In diesem Bild kann ich nichts Mathematisches finden. Es sieht mehr nach spanischer Inquisition aus" (Bild 4).

Bild 4 : „Geometrische Phantasie" (1968).

„Das ist eine Anspielung auf verschiedene Größen des Unendlichen."

„Wie bitte?"

„Transfinite Zahlen, entwickelt von dem deutschen Mathematiker Georg Cantor ab 1874. Unendlich, mehr als unendlich, noch unendlicher..."

„Ich dachte, Unendlich sei das Größte, was man denken kann."

„Nicht in Cantors Denkweise. Er versuchte, die Grundlagen des Zahlbegriffs zu verstehen. Angenommen, du hast einen Tisch, gedeckt mit gleich vielen Messern wie Gabeln. Wie kannst du überprüfen, daß es wirklich gleich viele sind, ohne sie zu zählen?"

„Ich lege je ein Messer und eine Gabel an einem Platz zusammen. Wenn zu jedem Messer eine Gabel da ist und nichts übrigbleibt, dann sind von beiden gleich viele da."

„Genau. Zwei endliche Mengen haben gleich viele Elemente, wenn man die Elemente der beiden Mengen einander eindeutig zuordnen kann. Cantor erkannte, daß man die gleiche Definition für unendliche Mengen verwenden kann, bei denen Zählen nicht hilft. Du kannst sagen, daß zwei unendliche Mengen ‚gleich viele Elemente' haben – man sagt, sie seien gleichmächtig –, wenn du ihre Elemente restlos zu Paaren anordnen kannst. Dann kannst du neue Zahlen erfinden – die transfiniten Zahlen –, die solchen Anzahlen entsprechen. Damals fanden das viele Mathematiker völlig unverständlich, aber heute wird es allgemein akzeptiert" (siehe „Georg Cantor und die Mächtigkeit der Mengen" von Joseph W. Dauben, Spektrum der Wissenschaft, August 1983, Seite 112).

„Ach so. Und zweimal unendlich ist dann noch unendlicher?"

„Nein. Du kannst zwei Exemplare der Menge der natürlichen Zahlen mit einem einzigen paaren, indem du dessen gerade Zahlen dem einen Exemplar und die ungeraden dem anderen zuordnest. Es gibt noch einige solcher Tricks mehr. Aber das hilft nicht gegen die reellen Zahlen. Man kann die natürlichen Zahlen und die unendlichen (nicht-abbrechenden) Dezimalbrüche auf keine Weise paaren. Die reellen Zahlen haben daher eine neue, größere Art von Unendlichkeit."

„Und dazwischen gibt es nichts?"

„Schwierige Frage. Das Problem hat unter dem Namen ‚Kontinuumshypothese' viele Mathematiker beschäftigt. Erst 1963 konnte Paul Cohen beweisen, daß die Antwort davon abhängt, welches logische Axiomensystem man benutzt. Aber schon Cantor konnte zeigen, daß es Mengen gibt, die noch unendlicher sind als die der reellen Zahlen, Mengen, die deren Unendlichkeit noch übertreffen, und so weiter. Man pflegt sie mit dem hebräischen Buchstaben $\aleph$ (aleph) zu numerieren : $\aleph_0$, $\aleph_1$, $\aleph_2$, $\aleph_3$, ... Genau das ist auf diesem Bild ausgedrückt. Die Prozession der bemäntelten Figuren geht immer weiter, gegen den Horizont, wie die Zahlen 1, 2, 3,... – und sie kommen tatsächlich dort an, wo am Horizont die Sonne erstrahlt ; der steht für $\aleph_0$. Und dann kommen die Berge hinter dem Horizont, hinter $\aleph_0$, wie die reellen Zahlen. Und dann siehst du Wolken von Unendlichkeiten, die sich noch weiter erstrecken, Schicht über Schicht von dunklen Sturmwolken, die die brennende Scheibe einer rätselhaften Sonne auslöschen…"

„Wie poetisch."

Chaotische Bewegung des starren Körpers

Ein anderes Bild forderte meinen Kommentar heraus (Bild 5). „Topologie ist nicht nur reine, abstrakte Mathematik. Man versteht mit ihrer Hilfe gelegentlich auch die Natur besser. Bei dem Versuch, die Bewegungsgleichungen für einen allgemeinen starren Körper zu lösen, waren Joseph-Louis Lagrange und seine Zeitgenossen Anfang des 19. Jahrhunderts auf enorme Schwierigkeiten gestoßen. Nur in einfachen Spezialfällen fanden sie Lösungen. Heute wissen wir dank einer topologischen Analyse, warum. Die Bewegung eines starren Körpers ist zwar deterministisch ; aber sie kann so verwickelt sein, daß sie rein zufällig, chaotisch aussieht. Der Körper kann so wild herumtorkeln wie der Saturnmond Hyperion. Was die Mathematiker so lieben – handliche Formeln für die Position zu jedem Zeitpunkt –, funktioniert einfach nicht, wenn Chaos im Spiel ist.

Fomenko stellt diese Ideen dar, indem er eine Höhle mit Stalaktiten und so weiter malt – sie stellt den Raum dar –, in der dynamische Formen – Feuerschweife ausstoßend – die Bewegung darstellen. Seht ihr den langen Steifen, auf dem das glühende Objekt herumrast? Seine Glattheit und Regularität steht für die einfachen, klassischen Bewegungen eines starren Körpers. Aber die Kanten des Streifens zerfließen ins Chaos. Das betrifft nicht den hier gemalten Körper, denn der ist symmetrisch, wie durch die feinen Details, die winzigen Kreuze etwa, dargestellt wird. Das wird durch Fomenkos Kommentar bestätigt."

Turbulenzen

Deirdre war schon beim nächsten Bild. „Was für ein erregender Titel !" rief sie uns zu (Bild 6).

„Na ja… Trotzdem treffend. Wenn eine Flüssigkeit auf eine rauhe Oberfläche trifft, neigt die Strömung dazu, sich in komplizierten Mustern abzulösen. Die interessanten Vorgänge finden dort statt, wo die Flüssigkeit erstmals auf das Objekt trifft. Winzige Störungen in dieser Grenzschicht können riesige Wirbel in der umgebenden Strömung auslösen. So entsteht Turbulenz. Die Mathematiker beschreiben die Bewegung der Flüssigkeit durch ein Vektor-

Bild 5 : „Bewegung eines schweren, starren Körpers im Raum" (1972).

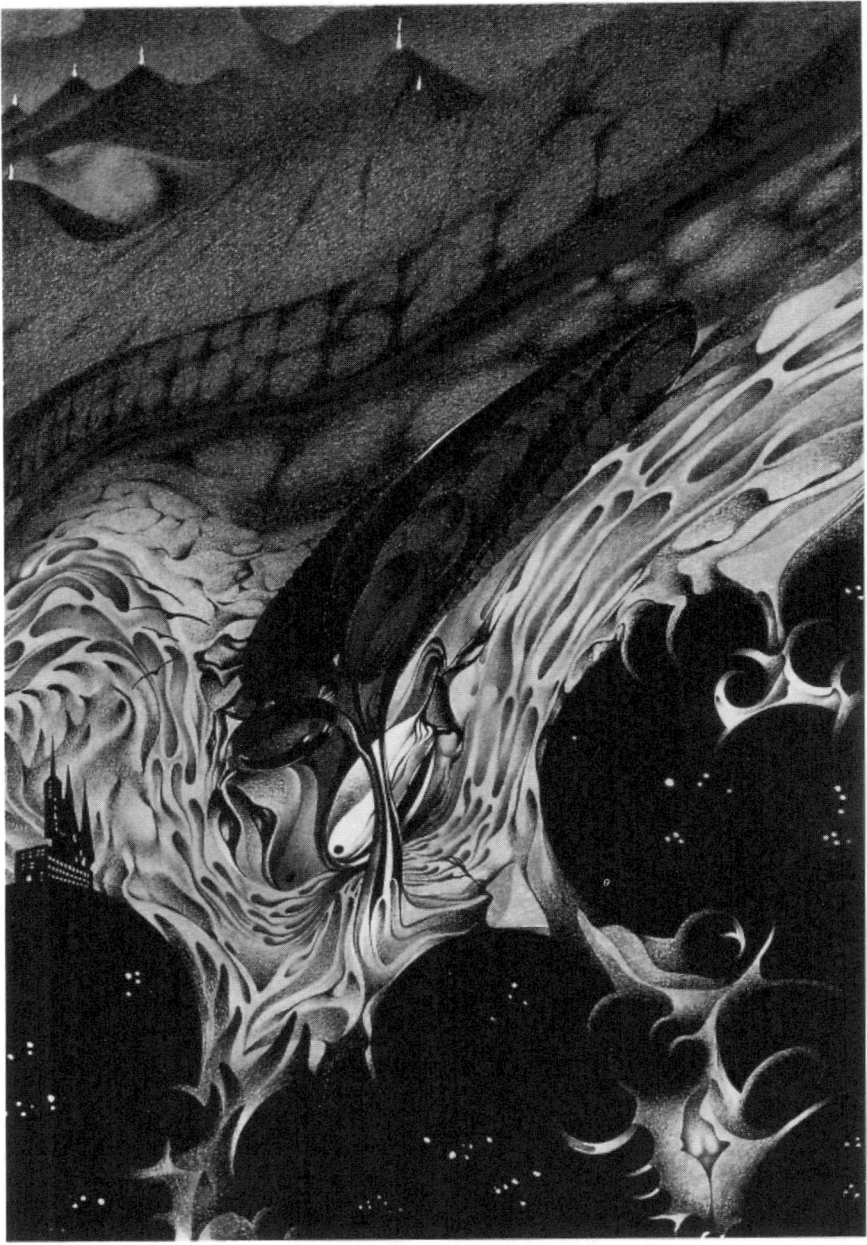

Bild 6 : „Singuläre Punkte von Vektorfeldern und die Grenzschicht bei der Strömung einer Flüssigkeit um einen starren Körper" (1980).

feld ; das gibt in jedem Punkt des Raumes Richtung und Geschwindigkeit der Strömung an. Hast du das Vektorfeld, kannst du Stromlinien berechnen : die Wege der Flüssigkeitsteilchen. An manchen Stellen ist die Geschwindigkeit null ; diese singulären Punkte des Vektorfelds ergeben interessante Strömungsformen – Quellen, Senken und Sattelpunkte. Damit können wir die Formen einer Flüssigkeitsströmung auf einfache, spezielle Eigenschaften des zugehörigen Geschwindigkeitsfelds zurückführen und sehen so, daß die zugrundeliegenden Gesetze eigentlich recht einfach sind, obwohl Flüssigkeiten sich unglaublich kompliziert verhalten."

„Sieht aus wie eine geschmolzene Honigwabe", sagte Deirdre nachdenklich. „Was hat Fomenko wohl dazu inspiriert, diese Bilder anzufertigen?"

„Nun", sagte Oliver, „er selbst sagt folgendes über seine Arbeit :"

Nach meinem Eindruck sind die allgemeinen Naturgesetze so mächtig, daß wir uns ihre Stärke kaum vorstellen können – und diese Gesetze regieren unsere Welt. Unsere Lebensbahnen, unsere Bewegungen in gewissem Sinne, werden von diesen Gesetzen determiniert, obwohl wir uns in einem schmalen Bereich frei bewegen können.

Als Individuen sind wir so klein, daß wir nur einen kleinen Ausschnitt aus dieser großen Welt sehen können, die viel größer ist als unsere Fähigkeiten, sie zu verstehen. Aber die Mathematik kann uns eine Art allgemeines Gefühl dafür verschaffen, wie diese große Welt aussieht, obwohl wir sicherlich nicht alle Einzelheiten zu verstehen vermögen. Das ist schlicht unmöglich.

Literaturhinweise

Mathematical Impressions. Von Anatolii Fomenko mit Unterstützung von Richard Lipkin. American Mathematical Society, Providence (Rhode Island) 1990.

Visual Geometry and Topology. Von Anatolii Fomenko. Springer-Verlag, Heidelberg 1994.

A Topological Picturebook. Von G. K. Francis. Springer, New York 1987.

Turning a Surface Inside Out. Von Anthony Phillips in : Scientific American, Mai 1966, Seiten 112 bis 120.

15
Das Zentrum für extrem abstrakte Skulptur

Sätze aus der Zahlentheorie verhelfen zur Klarheit darüber, ob ein regelmäßiges Vieleck oder ein weniger regelmäßiges Dreieck in ein Gitter mit ganzzahligen Koordinaten paßt.

Der dreieckige Brief, den ich morgens im Kasten fand, war erstaunlicherweise heil durch die Sortiermaschinen der Post gegangen. Der Briefkopf erstaunte mich noch mehr. Das Logo bestand aus einem Loch in Form eines Kreisrings, und ich versuchte einige Zeit vergeblich zu ergründen, wie das kreisförmige Nicht-Loch in der Mitte festgehalten wurde.

In dem Schreiben bat mich ein neugegründetes „Zentrum für extrem abstrakte Skulptur" in gewundenen Worten um Unterstützung beim schwierigen Geschäft des Aufbaus. Ich schickte ein zusagendes Fax und machte mich auf den Weg zum Bahnhof.

Scrimshaw Whittler, der Direktor des Zentrums, war ein gutmütiger, rotbärtiger Riese. Kaum daß er mich begrüßt hatte, begann er seine Probleme mit einem Schwall unverständlicher Fremdwörter zu schildern, bis ich ihn unterbrach. „Was ist denn eigentlich extrem abstrakte Skulptur?"

„Ach so, ja. Vielleicht sollte ich Ihnen zunächst einen Eindruck vom Zweck dieses Gebäudes geben." Er führte mich durch einige Flure und blieb an einer großen Tür mit der Aufschrift „1" stehen. „Die nicht", murmelte er dann und ging weiter. „Zu trivial. Ich denke, Sie werden mehr verstehen, wenn Sie die Räume 2 und 3 sehen."

Raum 2 enthielt ein großes Durcheinander gerahmter Bilder – auf dem Boden liegend, an die Wände genagelt, an die Decke geklebt und wie Spielkarten in Stapeln gegeneinandergelehnt. Jede der Bildflächen war durch dünne schwarze Linien in Quadrate eingeteilt und mit großen farbigen Punkten bemalt. Das erste Bild, das ich mir näher ansah, trug vier rote Punkte in den Ecken eines der Quadrate und war betitelt: „Quadrat 1, Alexander Tripe, 1973." Das danebenliegende hieß „Quadrat 2, Alexander Tripe, 1973" und enthielt vier Punkte an den Ecken eines Quadrats mit doppelter Seitenlänge. Ich verfolgte die Reihe weiter bis zu „Quadrat 22, Alexander Tripe, 1973". Die Wandfläche daneben war ganz offensichtlich eigens freigehalten worden.

„Ich sehe, Sie sind von unserer Tripe-Sammlung fasziniert", kommentierte Whittler. „Es ist die größte in Europa. Leider verdoppelt sich mit jeder Nummer der Preis, und für ‚Quadrat 23' hatten wir nicht mehr genug Geld. Das Werk ging an einen japanischen Elektronik-Magnaten."

„Welch unersetzlicher Verlust", sagte ich. „Haben Sie auch noch Werke anderer Künstler?"

„Oh ja! Wir haben eine große Kollektion von Bilge und einiges von Shenanigan. Ich finde dieses hier besonders begeisternd. Sie nicht auch?"

Das Bild trug den Titel „Fast gleichseitiges Dreieck, Seamus Shenanigan, 1988" und bestand aus drei roten Punkten, die annähernd gleich weit voneinander entfernt an Kreuzungspunkten von Gitterlinien saßen, wie schon Tripe sie verwendet hatte.

„Was ist aus seinem gleichseitigen Dreieck geworden?" fragte ich und gedachte damit eigentlich einen Witz zu machen.

„Folgen Sie mir", bat mich Whittler und geleitete mich in Raum 3.

Ein ranziger Geruch erfüllte den Raum. Meine Augen folgten meiner Nase bis in die hinterste Ecke; die war sorgfältig mit Margarine ausgespachelt. Das Fett erstreckte sich gleich weit entlang den drei Kanten zwischen den Wänden und dem Fußboden, ungefähr 30 Zentimeter. Von einer zarten Schimmelschicht abgesehen, war die sichtbare Oberfläche der Fettecke eben und hatte die Gestalt eines gleichseitigen Dreiecks.

„Ach, diese Replik einer Fettecke von Joseph Beuys gehört eigentlich längst nicht mehr hierher. Reelle Koordinaten, die Ungenauigkeit der Dezimaldarstellung, diese geradezu spürbare Weichheit… Außerdem ist die Authentizität nicht gesichert."

Whittler war sichtlich bemüht, meine Aufmerksamkeit auf härtere, exaktere Kunstwerke zu lenken. Der Raum war wie der vorige vollgestopft mit Gittern, allerdings nicht gemalten. Hier waren schwarzlackierte Metallstäbe zu kubischen Gittern zusammengelötet. Ich fühlte mich an den Kletterturm auf dem Kinderspielplatz erinnert und an das Gitter mit den roten und weißen Kugeln, das unser Chemielehrer immer einen Kochsalzkristall genannt hatte. Hier saßen rote Kugeln nur in einigen Schnittpunkten von Gitterlinien. Bald hatten wir Shenanigans „gleichseitiges Dreieck" gefunden (Bild 1 links).

„Es kann nirgendwo anders stehen als in Raum 3", erklärte der Direktor. „Der französische Mathematiklehrer Édouard Lucas bewies bereits 1878, daß man unmöglich ein gleichseitiges Dreieck in Raum 2 haben kann. Und das ist eigentlich wirklich merkwürdig, wenn Sie bedenken, daß es ein gleichseitiges Tetraeder in Raum 3 gibt." Er zeigte mir stolz „Tetraeder, Thomas Rot, 1985" (Bild 1 rechts).

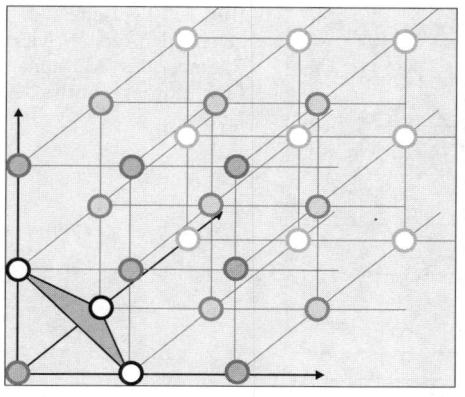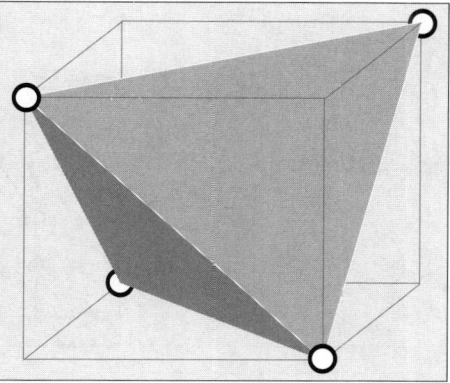

Bild 1: „Gleichseitiges Dreieck" von Seamus Shenanigan (links); „Tetraeder" von Thomas Rot (rechts).

Übergang zum Abstrakten

Langsam erahnte ich einen Sinn hinter seinen Sprüchen. „Zeigen Sie mir Raum 4", bat ich. Ich hatte keine klare Vorstellung, was mich dort erwarten würde – vielleicht Computer-Bildschirme, die bewegte Formen zeigten...

Es sah aus wie im Altpapiercontainer. „Von Raum 4 an wird es extrem abstrakt", sagte Whittler entschuldigend. Ich nahm ein Blatt in die Hand. Es war mit Vierergruppen von Zahlen bedeckt: $(1, 0, -1, 2)$
oder, etwas bombastischer: $(243, -9975, 42, 100\,000\,001)$.
„Gitterpolyeder!" rief ich aus. „Eine extrem abstrakte Skulptur ist nichts anderes als ein Gitterpolyeder! Und die Nummer des Raumes ist die Dimension!"

Er nickte. „Sie sehen nun, warum wir von Raum 4 an sehr abstrakt werden müssen. Ein Punkt in der Ebene hat zwei reelle Koordinaten, ein Punkt im Raum drei. Schreibt man n reelle Zahlen hintereinander – ein n-Tupel –, so sind das die Koordinaten eines Punktes im n-dimensionalen Raum.

Wenn Sie jetzt darauf bestehen, daß alle Koordinaten ganze Zahlen sein sollen, bleiben nur die Schnittpunkte der Gitterlinien übrig. Man kann sich ein n-dimensionales Gitter als die Menge aller n-Tupel von ganzen Zahlen denken, positiven und negativen. Ein Gitterpolyeder ist ein Gebilde, dessen Ecken sämtlich in Gitterpunkten liegen. Nur in zwei und drei Dimensionen – also in den Räumen 2 und 3 – kann man wirklich physische Modelle davon herstellen" (Bild 2).

„Und in Raum 1?"

„Da geht es auch", erwiderte er. „Aber der Raum ist nicht sehr interessant, es sei denn, Sie lieben Minimalskulpturen. Extrem abstrakte Skulptur (*conceptual sculpture*) ist eine Idee von Alexander Tripe aus den sechziger Jahren. Er

159

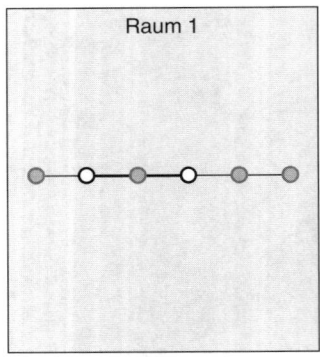

Raum 1

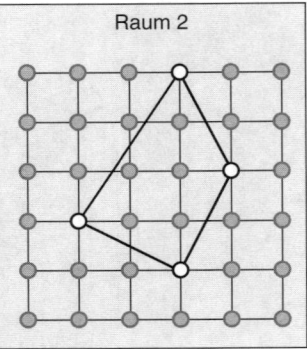

Raum 2

Bild 2: Typische Werke in den ersten vier Räumen des Museums für extrem abstrakte Kunst.

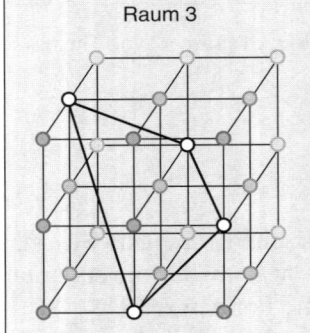

Raum 3

Raum 4

```
(0,0,0,0) ; (0,0,0,0) ; (0,0,0,0) ; (0,0,0,0)
(0,0,0,1) ; (0,0,0,0) ; (0,0,0,0) ; (0,0,0,0)
(0,0,0,0) ; (0,0,0,1) ; (0,0,0,0) ; (0,0,0,0)
(0,0,0,0) ; (0,0,0,0) ; (0,0,0,1) ; (0,0,0,0)
(0,0,0,0) ; (0,0,0,0) ; (0,0,0,0) ; (0,0,0,1)
(0,0,0,2) ; (0,0,0,0) ; (0,0,0,1) ; (0,0,0,0)
(0,0,0,1) ; (0,0,1,0) ; (0,0,0,0) ; (0,0,0,0)
(0,0,0,0) ; (0,0,0,1) ; (0,0,3,0) ; (0,0,0,0)
(0,1,0,0) ; (0,0,1,0) ; (0,0,0,1) ; (0,0,0,0)
(1,0,0,0) ; (2,0,0,0) ; (0,0,0,0) ; (0,0,0,1)
(0,0,4,0) ; (0,0,0,0) ; (0,0,0,0) ; (0,0,0,0)
(0,2,0,1) ; (0,0,3,0) ; (0,2,0,0) ; (0,0,0,0)
(0,0,0,0) ; (0,6,0,1) ; (0,0,0,0) ; (0,0,0,0)
(0,0,1,0) ; (0,0,8,0) ; (0,2,0,1) ; (0,4,4,0)
(0,0,2,0) ; (0,1,0,0) ; (2,2,0,2) ; (0,4,0,1)
```

wollte vierdimensionale Skulpturen herstellen, hatte aber Schwierigkeiten bei der Materialbeschaffung. Eine Zeitlang produzierte er Serien dreidimensionaler Skulpturen, die sich systematisch von einer zur anderen veränderten – so wie wenn man, statt einen Film zu zeigen, eine Folge von Einzelbildern an die Wand hängt. Aber damit war er nicht zufrieden. Dann kam ihm die Idee, die Skulpturen abstrakt, als eine Menge von Koordinatenangaben, darzustellen. Da die Dezimaldarstellung reeller Zahlen nie unendlich genau sein kann, beschränkte er sich auf ganzzahlige Koordinaten. Hier ist das Glanzstück unserer Sammlung, seine erste echt vierdimensionale extrem abstrakte Skulptur."

An der Rückwand einer großen Vitrine war eine Korkplatte befestigt. Nicht weniger als fünf Überwachungskameras waren darauf gerichtet. Temperatur und Luftfeuchtigkeit innerhalb der Vitrine wurden automatisch geregelt. An der Korkplatte hing ein Fetzen von einer Zeitschriftenseite; darauf stand in krakeliger Handschrift:

(1,0,0,0)
(0,1,0,0)

160

(0,0,1,0)
(0,0,0,1)

Der Titel lautete „Tetraeder im vierdimensionalen Raum, Alexander Tripe, 1967". „Ein Meisterwerk", hauchte Whittler andächtig.

In welches Gitter passen die Vielecke?

„Ich glaube, ich habe verstanden, was Sie wollen", sagte ich. „Jetzt können Sie mir Ihr Problem erklären."

Er bat mich in sein äußerst gediegen ausgestattetes Büro. Als ich die vergoldeten Türklinken anstarrte, bemerkte er: „Die Würde großer Kunst duldet keinen Mangel. Das gilt auch für deren Diener."

„Aha. Womit kann ich dienen?" fragte ich und machte es mir in einem tiefen, weichen Ledersessel bequem.

„Hier ist eines unserer Probleme", seufzte er und reichte mir einen flachen, harten Gegenstand. „In welchen Raum gehört das?"

„Es ist ein regelmäßiges Fünfeck, nicht wahr? Alle Seiten sind genau gleich lang, alle Winkel genau gleich?"

„Ja."

„Sie wollen wissen, welche Dimension ein Gitter haben muß, damit es fünf Punkte enthält, die ein regelmäßiges Fünfeck bilden."

„Genau. Uns ist bekannt, daß man ein Quadrat in Raum 2 unterbringen kann und gleichseitige Dreiecke sowie regelmäßige Sechsecke in Raum 3. Aber über diese bescheidene Tatsache hinaus wissen wir noch nichts." (Überlegen Sie, wie man ein regelmäßiges Sechseck in Raum 3 unterbringt. Die Lösung finden Sie notfalls in Bild 5 links.)

„Kristallographische Beschränkungen", sagte ich.

„Wie bitte?"

„Die Atome eines Kristalls bilden ein regelmäßiges Gitter. Rotationssymmetrien von Kristallen entsprechen regelmäßige Polygone in diesen Gittern."

„Was heißt das?"

„Nehmen Sie das gleichseitige Dreieck von Shenanigan und drehen Sie es um 120 Grad um seinen Mittelpunkt."

„Dann sieht es ebenso aus wie zuvor."

„Nicht nur das. Wenn Sie das ganze Gitter, in das dieses Dreieck eingebettet ist, mitdrehen, kommt es ebenfalls mit sich selbst zur Deckung."

„Warum?"

„Es geht nicht anders. Sie haben zwei kongruente Gitter – das ursprüngliche und das gedrehte – und wissen, daß beide in drei Punkten übereinstimmen. Dann müssen sie insgesamt zusammenfallen."

„Ach so. Wenn also ein regelmäßiges n-Eck in ein Gitter passen soll, dann muß dieses Gitter eine n-zählige Rotationssymmetrie haben."

„Richtig. Nun hat aber der englische Kristallograph William Barlow vor mehr als hundert Jahren bewiesen, daß ein Kristall keine fünfzählige Symmetrieachse haben kann – mehr noch, keine n-zählige Symmetrieachse für andere n als 1, 2, 3, 4 und 6. Sein ursprünglicher Beweis bezieht sich auf dreidimensionale Gitter, aber sehr ähnliche Methoden funktionieren auch in jeder anderen Dimension. Im Jahre 1937 bewies Isaac Schoenberg, daß die einzigen Polygone, die überhaupt in ein Gitter irgendeiner Dimension einbettbar sind, eine, zwei, drei, vier oder sechs Seiten haben. Die Fälle $n = 1$ und 2 sind selbstverständlich keine Polygone im gewöhnlichen Sinne. Ein Eineck ist ein Punkt und ein Zweieck einfach eine Strecke."

„Wollen Sie damit sagen, daß das Fünfeck in keinen Raum paßt?"

„Genau das."

„Aber das ist ja entsetzlich! Unter den abstrakten Skulpturen kommt kein Pentagon vor? Wie soll ich da die Militärs als Sponsoren gewinnen? Die Amerikaner werden indigniert sein!"

„Das tut mir sehr leid, aber es ist die reine Wahrheit."

„Davon müssen Sie mich erst überzeugen", sagte er nachdrücklich.

„Der Berner Mathematiker Willy Scherrer hat 1946 einen schönen Beweis gefunden. Angenommen, es gäbe ein regelmäßiges n-Eck in einem Gitter. Betrachten Sie die Gittervektoren, die von den n Seiten des Polygons gebildet werden. Verschieben Sie sie so, daß ihre Anfangspunkte sämtlich im Ursprung liegen. Dann bilden die Spitzen wieder ein n-Eck, dessen Eckpunkte sämtlich im Gitter liegen. Aber wenn $n \geq 7$ ist, dann ist das neue n-Eck kleiner als das alte" (Bild 3 oben).

„Na und?"

„Diesen Prozeß kann man beliebig oft wiederholen. Man erhält eine unendliche Folge von immer kleiner werdenden Gitter-n-Ecken. Aber das ist unmöglich, denn die Gitterpunkte haben einen Minimalabstand."

„Hm. Und was ist mit dem Fünfeck?"

„Da muß man ein wenig anders argumentieren. Numerieren Sie die Seiten der Reihe nach mit 1, 2, 3, 4, 5. Setzen Sie sie dann in der Reihenfolge 1, 3, 5, 2, 4 aneinander. Das ergibt einen Fünfstern, dessen Ecken ein Gitterfünfeck bilden, und das ist kleiner als das ursprüngliche. Daraus ergibt sich dann der gleiche Widerspruch wie im vorigen Fall" (Bild 3 unten).

Der Direktor des Zentrums für extrem abstrakte Skulptur sank verzweifelt in sich zusammen.

„Nur Mut", sagte ich. „Vielleicht können Sie den israelischen Geheimdienst als Sponsor gewinnen. Der Davidstern ist ein Gitterpolygon." (Wollen Sie selbst herausfinden, wie? Lösung in Bild 5 rechts.)

Die Andeutung eines Lächelns erschien auf seinem Gesicht.

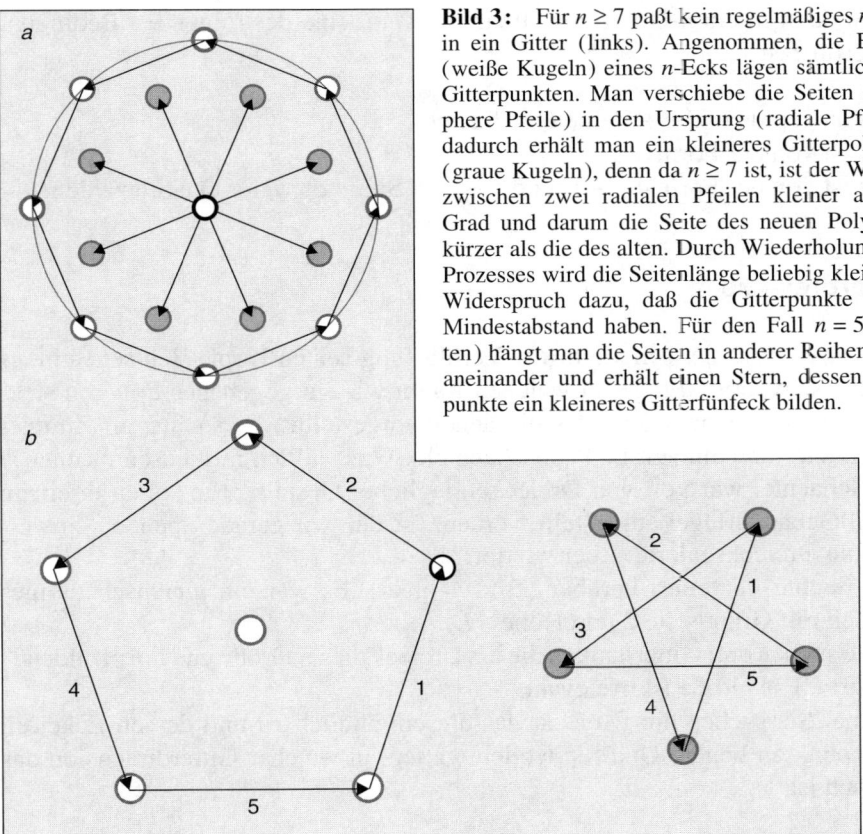

Bild 3: Für $n \geq 7$ paßt kein regelmäßiges n-Eck in ein Gitter (links). Angenommen, die Ecken (weiße Kugeln) eines n-Ecks lägen sämtlich auf Gitterpunkten. Man verschiebe die Seiten (periphere Pfeile) in den Ursprung (radiale Pfeile); dadurch erhält man ein kleineres Gitterpolygon (graue Kugeln), denn da $n \geq 7$ ist, ist der Winkel zwischen zwei radialen Pfeilen kleiner als 60 Grad und darum die Seite des neuen Polygons kürzer als die des alten. Durch Wiederholung des Prozesses wird die Seitenlänge beliebig klein, im Widerspruch dazu, daß die Gitterpunkte einen Mindestabstand haben. Für den Fall $n = 5$ (unten) hängt man die Seiten in anderer Reihenfolge aneinander und erhält einen Stern, dessen Eckpunkte ein kleineres Gitterfünfeck bilden.

„Genaugenommen", fuhr ich fort, „handelte Schoenbergs Arbeit von 1937 gar nicht von Polygonen, sondern von Simplices. Ein zweidimensionales Simplex ist ein gleichseitiges Dreieck. Ein dreidimensionales Simplex ist ein Tetraeder; allgemein besteht ein n-dimensionales Simplex aus $n + 1$ Punkten im n-dimensionalen Raum, die alle gleich weit voneinander entfernt sind. Jedes n-Simplex läßt sich leicht in ein $(n + 1)$-dimensionales Gitter einbetten – ähnlich wie Tripes ‚Tetraeder im vierdimensionalen Raum'. Schoenberg fragte sich, wann man ein n-Simplex in ein n-dimensionales Gitter einbetten kann – also eine Dimension kleiner. Das gleichseitige Dreieck läßt sich nicht in ein ebenes Gitter einbetten – ich werde gleich erklären, warum –, aber das Tetraeder paßt in ein 3-dimensionales Gitter, wie Rots ‚Tetraeder' zeigt.

Die Antwort für allgemeine n ist sehr merkwürdig, wie Schoenberg zeigen konnte. Für $n \leq 25$ sind die Dimensionen, in denen die Einbettung möglich ist, $n = 1, 3, 7, 8, 9, 11, 15, 17, 19, 23, 24$ und 25."

(Wer in dieser Zahlenfolge nicht auf Anhieb ein Bildungsgesetz erkennt, muß nicht an seinem Verstand zweifeln. Schoenberg zeigte, daß ein n-Simplex genau dann in ein *n*-Gitter einbettbar ist, wenn eine der folgenden Bedingungen erfüllt ist:

- *n* ist gerade und *n* + 1 eine Quadratzahl;
- *n* ist von der Form 4*m* + 3;
- *n* ist von der Form 4*m* + 1, und *n* + 1 ist Summe zweier Quadratzahlen.)

Gitterdreiecke

Scrimshaw Whittler schüttelte vor Verblüffung seinen Kopf. „Ich sehe ein, es ist eine schwierige Frage, in welchen Raum wir ein gegebenes Polygon stecken sollten. Ich hatte mir das einfacher vorgestellt." Er suchte im Zimmer herum und fand eine große Pappschachtel. „Was soll ich mit diesen machen?" Die Schachtel war voll von Dreiecken jeglicher Gestalt. „Sie sollen in einem neuen Gebäudeflügel aufgestellt werden, für den wir gerade Spenden einwerben, die Dreiecksgalerie. Aber wo dort?"

Er reichte mir eines herüber (Bild 4 links). Es war ein gleichschenkliges Dreieck mit Grundseite 2 und Höhe $\sqrt{7}$.

„Sie suchen drei Gitterpunkte, die ein Dreieck dieser Größe und Form bilden?"

„Form. Die Größe ist irrelevant."

„Aha. Sie suchen ein Dreieck, das diesem ähnlich ist und dessen Ecken in Gitterpunkten liegen. Und Sie wollen wissen, in welcher Gitterdimension das möglich ist."

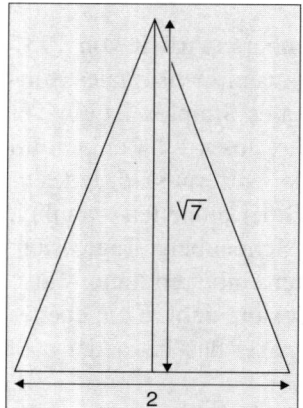 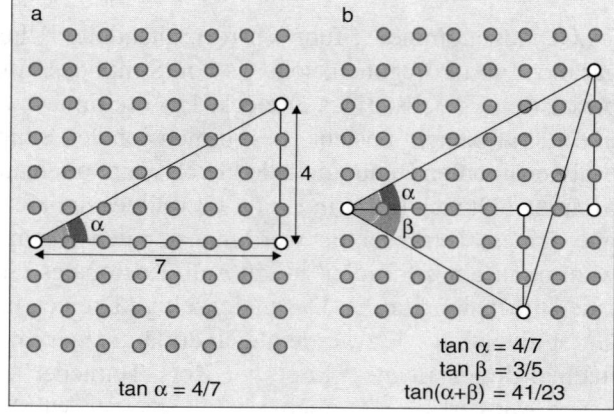

Bild 4: Nach dem Satz von Beeson paßt dieses gleichschenklige Dreieck mit rationaler Basis und irrationaler Höhe (links) in ein Gitter der Dimension 5, aber in keines mit kleinerer Dimension. Für ein rechtwinkliges Gitterdreieck mit achsenparallelen Katheten ist der Tangens jedes Winkels rational (Mitte); das gilt wegen der Tangens-Summenformel für jedes 2-Gitterdreieck (rechts).

„Genau."

Ich dachte darüber nach. „Definieren wir ein n-Gitterdreieck als ein Dreieck, das zu einem Dreieck mit Eckpunkten in einem n-Gitter ähnlich ist. Wir suchen eine Charakterisierung der n-Gitterdreiecke für jedes n. Hmm. Wenn ein Dreieck in ein Gitter paßt, dann auch in jedes mit höherer Dimension. Das kleinstmögliche n ist also das interessante. Und da es uns nur auf Ähnlichkeit ankommt, genügt es, die Winkel zu betrachten. Denken wir zunächst über die Ebene nach: 2-Gitterdreiecke. Hmm… die Tangentes der Winkel…"

„Whittler stutzte. „Ich weiß, daß Kurven Tangenten haben, aber Winkel?"

„Trigonometrie. Der Tangens eines Winkels ist das Verhältnis der gegenüberliegenden Kathete zur anliegenden, wenn der Winkel in einem rechtwinkligen Dreieck liegt. Wenn die Eckpunkte des rechtwinkligen Dreiecks Gitterpunkte sind, dann muß der Tangens eine rationale Zahl sein, ein Verhältnis zweier ganzer Zahlen, denn die Seitenlängen sind ganzzahlig" (Bild 4 Mitte).

„Das gilt aber nur für rechtwinklige Dreiecke, bei denen die Seiten, die dem rechten Winkel anliegen, achsenparallel sind."

„Schon richtig. Aber auch bei allgemeinen Gitterdreiecken kann jeder Winkel in zwei aufgeteilt werden, deren Tangentes rational sein müssen" (Bild 4 rechts). „Und für den Tangens einer Summe von zwei Winkeln gibt es eine Formel:

$$\tan(\alpha+\beta) = \frac{\tan\alpha + \tan\beta}{1 - \tan\alpha\,\tan\beta}$$

Daraus folgt, daß $\tan(\alpha+\beta)$ rational ist, wenn $\tan\alpha$ und $\tan\beta$ rational sind. Also ist der Tangens eines jeden Winkels in einem 2-Gitterdreieck rational.

Und vor kurzem hat John McCarthy gezeigt, daß auch das Umgekehrte gilt, daß also jedes Dreieck mit dieser Eigenschaft in ein 2-Gitter paßt. Zum Beweis fällt man ein Lot, so daß zwei rechtwinklige Dreiecke entstehen, und wendet dann das Tangens-Argument rückwärts an. Kurz gesagt, 2-Gitterdreiecke sind genau diejenigen, deren Winkel rationale Tangentes haben."

Whittler seufzte. „Und das hilft?"

„Aber sicher. Das gleichseitige Dreieck beispielsweise hat Winkel von 60 Grad. Da $\tan(60°) = \sqrt{3}$ ist, also irrational, ist das gleichseitige Dreieck kein 2-Gitterdreieck. Andererseits ist es ein 3-Gitterdreieck, wie Shenanigan entdeckt hat. Und dieses" – ich wedelte mit dem Ding aus der Pappschachtel – „gleichschenklige Dreieck mit Grundseite 2 und Höhe $\sqrt{7}$ hat Basiswinkel, deren Tangens $\sqrt{7}$ ist, also irrational. Es ist also auch kein 2-Gitterdreieck."

Scrimshaw Whittler lächelte gequält. „Ich muß eigentlich noch mehr wissen. Ich muß genau wissen, in ein Gitter welcher Dimension ein gegebenes Dreieck paßt."

„Nur Geduld. Michael Beeson von der Staatsuniversität in San José (Kalifornien) hat das ganze Problem vor kurzem gelöst. Er fand sehr merkwürdige Antworten. Obwohl es unendlich viele denkbare Gitterdimensionen n gibt, braucht man doch nur drei Fälle zu behandeln: $n = 2$, $n = 3$ oder 4 und $n \geq 5$.

– Ein Dreieck ist genau dann ein 2-Gitterdreieck, wenn die Tangentes aller seiner Winkel rational sind.
– Ein Dreieck ist genau dann ein 3-Gitterdreieck, wenn die Tangentes aller seiner Winkel rationale Vielfache von $\sqrt{k}$ sind, wobei k eine Summe von drei Quadratzahlen ist. Für 4-Gitterdreiecke gilt dieselbe Bedingung.
– Ein Dreieck ist genau dann ein 5-Gitterdreieck, wenn die Quadrate der Tangentes seiner Winkel alle rational sind. Gleiches gilt für alle höherdimensionalen Gitter.

Beeson fand seine Resultate zunächst durch Computerexperimente; aber dann gelang ihm doch ein richtiger Beweis, für den er zahlentheoretische Hilfsmittel verwendete. Daß man alle Gitterdreiecke in ein 5-Gitter einbetten kann, ist eine Folge des Satzes, daß jede natürliche Zahl sich als Summe von vier Quadratzahlen schreiben läßt. Die Zahl k, die in der Bedingung für $n = 3$ und $n = 4$ auftaucht, hängt mit der Fläche des Dreiecks zusammen."

Scrimshaw Whittler sah verzweifelt drein. „Erklären Sie mir das bitte noch einmal."

„Alles hängt von den Tangentes der Winkel ab, und es gibt drei Fälle. Wenn ein Dreieck sich überhaupt in irgendein n-Gitter einbetten läßt, dann paßt es bereits in ein 5-Gitter. Es gibt einige 5-Gitterdreiecke, die keine 4-Gitterdreiecke sind, aber jedes 4-Gitterdreieck ist auch ein 3-Gitterdreieck. Schließlich gibt es noch einige 3-Gitterdreiecke, die in kein 2-Gitter passen. Durch Berechnung der Tangentes der Winkel und ein bißchen Zahlentheorie können Sie genau herausfinden, welcher Fall jeweils vorliegt.

Beispielsweise hat Ihr gleichschenkliges Dreieck Winkel, deren Tangentes alle rationale Vielfache von $\sqrt{7}$ sind. Die Quadrate der Tangentes sind also alle rational, und darum ist dies ein 5-Gitterdreieck. Da sich aber 7 nicht als Summe von drei Quadratzahlen schreiben läßt, ist es kein 4-Gitterdreieck. Es gehört also in Raum 5, Herr Direktor."

(Will man drei Punkte im 5-Gitter angeben, die ein solches Dreieck bilden, greift man zweckmäßig auf die Zerlegung von 7 in vier Quadratzahlen zurück: $7 = 1^2 + 1^2 + 1^2 + 2^2$. Aus dieser gewinnt man die Punkte $(0,1,1,1,2)$, $(1,0,0,0,0)$ und $(-1,0,0,0,0)$, die das gewünschte Dreieck bilden.)

Scrimshaw Whittler sprang auf und schüttelte mir überschwenglich die Hand. „Ich danke Ihnen von Herzen! Meine Probleme sind gelöst, und der Aufbau der Dreiecksgalerie kann mit Raum 5 beendet werden!"

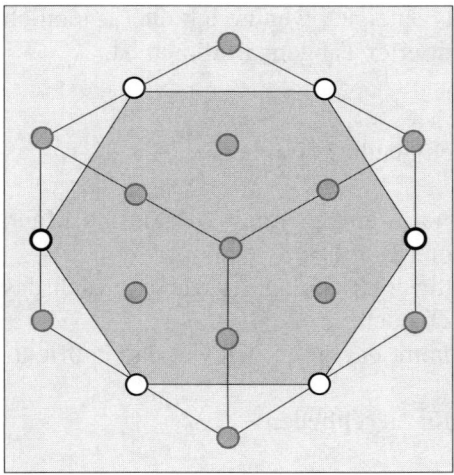 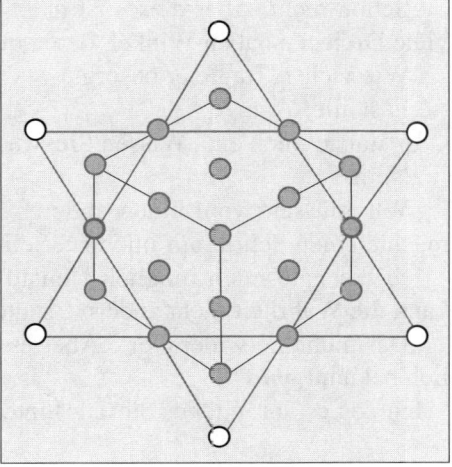

Bild 5: Ein regelmäßiges Sechseck paßt in ein 3-Gitter (links): Wähle geeignete Kantenmittelpunkte eines 2×2-Gitterwürfels. Der Davidstern in einem 3-Gitter (rechts). Es genügt, die genannten Sechseckseiten bis zum Schnitt miteinander zu verlängern.

„Gratulieren Sie nicht mir", sagte ich. „Michael Beeson hat das alles herausgefunden. Ist Ihnen klar, daß Raum 3 und Raum 4 das gleiche enthalten, soweit Dreiecke betroffen sind? Sie könnten zwei Türen für denselben Raum verwenden und mit ‚3' und ‚4' beschriften."

„Ja! Das spart uns Millionen!" Er blickte auf seine Pappschachtel mit den Dreiecken. „Ich kann für jedes einzelne Dreieck einen Raum in der Dreiecksgalerie finden!"

„Äh – Herr Direktor?"

„Ja bitte?"

„Meinten Sie wirklich jedes beliebige Dreieck?"

„Ja, natürlich. Schauen Sie hier. Das hat der große Archimedes uns hinterlassen. Er benutzte es, um seine Formel für die Fläche eines Kreises zu beweisen. Es ist ein rechtwinkliges Dreieck mit den Kathetenlängen 1 und 2π. Es wird der Stolz und Höhepunkt der Dreiecksgalerie sein!"

Ich hüstelte verlegen. „Es tut mir leid, aber das wird es wohl nicht werden."

„Aber warum denn nicht?"

„Es hat einen Winkel, dessen quadrierter Tangens gleich $4\pi^2$ ist. Und das ist irrational. Das Dreieck des Archimedes paßt in überhaupt kein n-Gitter – für kein n. Wenn ein Dreieck ein Gitterdreieck ist, dann ist es ein 5-Gitterdreieck. Das ist die Aussage des Satzes von Beeson. Aber das heißt nicht, daß alle Dreiecke n-Gitterdreiecke sind."

Direktor Whittler blickte wehmütig auf das Modell. „Na gut", sagte er schließlich und warf es in den Papierkorb. „Niemand wird das kleine Dreieck vermissen."

„Schon recht. Aber dieses ist nicht das einzige", wandte ich ein. „Ziemlich viele Dreiecke haben Winkel, deren quadrierter Tangens irrational ist."

„Wie viele?" fragte er besorgt.

„Fast alle."

Er starrte mich an. „Wissen Sie, was ich glaube?" fragte er.

„Nein."

„Wir müssen wohl einen anderen Berater engagieren." Der riesige Mann machte einen Schritt auf mich zu. Sein roter Bart bebte vor Zorn.

Ich bewegte mich möglichst unauffällig in Richtung Ausgang. „Auch das kann die Wahrheit nicht ändern", sagte ich noch.

„Das nicht", erwiderte er. „Aber es kommt darauf an, wieviel davon öffentlich bekannt wird."

Ich zog es vor, eilends die Tür hinter mir zu schließen.

Literaturhinweise

Triangles with Vertices on Lattice Points. Von Michael J. Beeson in: American Mathematical Monthly, Band 99, Heft 3, Seiten 243 bis 252, 1992.

Théorème sur la géométrie des quinconces. Von Édouard Lucas in: Bulletin de la Société Mathématique de France, Band 6, Seiten 9 bis 10, 1878.

Die Einlagerung eines regulären Vielecks in ein Gitter. Von Willy Scherrer in: Elemente der Mathematik, Band 1, Seiten 97 bis 98, 1946.

Regular Simplices and Quadratic Forms. Von Isaac J. Schoenberg in: Journal of the London Mathematical Society, Band 12, Seiten 48 bis 55 (1937).

16
Tausendundeine Koinzidenz

Die geheimnisvolle Zahl 1001 vereinigt in sich Eigenschaften, die jede für sich nur auf sehr wenige Zahlen zutreffen. Zufall oder Magie?

Ich habe Ihnen schon früher (Spektrum der Wissenschaft, Januar 1991 und Kapitel 4 in diesem Buch) von Matthew Morrison Maddox, dem Mathemagier, erzählt. Wie jeder professionelle Zauberkünstler darf er seine Geheimnisse nicht preisgeben. Aber mit etwas mathematischem Scharfsinn kommt man hinter die einfacheren seiner Tricks.

Ein Beispiel: Maddox betritt unter mäßigem Applaus eine kleine Hinterhofbühne in Marseille, wie immer in seinen selbstgewebten schwarzen Mantel mit der hölzernen Kette gekleidet. Für die erste Nummer bittet er eine junge Dame aus dem Publikum auf die Bühne.

„Würden Sie uns bitte Ihren Namen verraten?"

„Josephine."

Auf einem Tisch steht ein kleines, rotes Kästchen, daneben eine Schiefertafel und Kreide. „Josephine, sind Sie gut im Kopfrechnen?

„Na ja …"

„Ich nicht. Vielleicht möchten auch Sie lieber die Technik zu Hilfe nehmen." Er holt ihr einen Taschenrechner aus den Haaren. „Ungewöhnlich, aber praktisch. So haben Sie ihn stets griffbereit." Gelächter im Publikum. „Zahlen sind geheimnisvoll, wissen Sie. Um das zu beweisen, werde ich mir die Augen verbinden und Ihnen den Rücken zuwenden. Und nun schreiben Sie bitte Ihr Alter auf die Tafel."

„Monsieur, eine Dame verrät niemals ihr Alter!"

„Für die Zauberkunst müssen Opfer gebracht werden, Josephine. Schreiben Sie so, daß weder ich noch das Publikum etwas sehen kann, und legen Sie die Tafel mit der Schrift nach unten auf den Tisch. Sind Sie fertig?"

„Ja."

„Sie finden in dem roten Kästchen Karten mit den Zahlen von 1 bis 16 vor. Sie wissen, was eine Primzahl ist?"

„Ja. Eine, die keine anderen Faktoren als 1 und sich selbst hat."

„Sehr schön. Alle anderen Zahlen sind zusammengesetzt. Bitte tippen Sie Ihr Alter in den Rechner. Dann nehmen Sie in beliebiger Reihenfolge eine Karte nach der anderen aus dem Kästchen. Wenn die Zahl auf der Karte zusammengesetzt ist, werfen Sie sie auf den Boden. Aber wenn sie eine Primzahl ist, dann multiplizieren Sie die Zahl im Taschenrechner mit der Zahl auf der Karte. Fahren Sie so fort, bis Sie alle Karten aufgebraucht haben."

Josephine folgt dieser Anweisung.

„Vielen Dank. Nun haben Sie eine lange Rechnung gemacht und eine recht große Zahl herausbekommen … sechsstellig, schätze ich."

„Ja. Aber woher wissen Sie …"

„Mathemagie, Verehrteste. Nun – die Rechnung war zwar kompliziert; aber wenn Sie mir sagen würden, bei welcher Zahl Sie angelangt sind, und ich würde Ihnen Ihr Alter nennen, wären Sie nicht besonders überrascht."

„Nur ein bißchen."

„Aber ich werde Sie nicht nach der Zahl fragen. Ich frage Sie nur nach einer der sechs Ziffern und werde dann auf der Stelle Ihr Alter nennen."

„Oh."

„Nennen Sie mir die zweite Ziffer."

„Sechs."

„Dann sind Sie zweiundzwanzig Jahre alt! Stimmt's? Bitte zeigen Sie dem Publikum die Tafel." Josephine tut es, errötend. Stürmischer Beifall.

Die Faktorisierung von 1001

Nach der Show suchte ich Maddox in der Garderobe auf. „Na, hast du es schon herausgefunden?" fragte er.

„Den Trick mit dem Alter?"

„Ja. Den solltest du durchschauen können."

Ich nickte. „Hat er mit 1001 zu tun?"

Er lachte. „Du mußt dich schon genauer erklären, mein Freund. Aber zuerst" – er griff ins Nichts und hatte plötzlich einen Korkenzieher in der Hand, den er mir zusammen mit zwei Gläsern und einer Flasche Rotwein übergab – „sei so freundlich und öffne die Flasche." Ich mühte mich ab, bis ich entdeckte, daß der Korkenzieher ein Linksgewinde hatte. Also drehte ich gegen den Uhrzeigersinn und schenkte zwei Gläser ein. Aus meinem rann der Wein heraus und auf mein Hemd. Die Flecken wurden erst blau, dann grün und verschwanden schließlich. Kommentarlos reichte Maddox mir ein neues Glas.

„Nun", begann ich, „es gibt viele nette Zahlentricks, die darauf beruhen, daß 1001 gleich $7 \times 11 \times 13$ ist. Wenn man eine dreistellige Zahl, sagen wir 567, mit 1001 multipliziert, erhält man dieselben drei Ziffern doppelt: 567 567."

„Du bist auf der richtigen Spur."

„Im Grunde geht es darum zu verschleiern, daß mit 1001 multipliziert wird. Also läßt du statt dessen mit 7, 11 und 13 nacheinander malnehmen. Bei deinem Trick hat Josephine ihr Alter mit allen Primzahlen zwischen 1 und 16 multipliziert, also mit 2, 3, 5, 7, 11 und 13. Die Zahl 1 gilt nicht als Primzahl, aber wenn man sie hier mit einbezieht, ändert es auch nichts. Sie wählte diese Zahlen in zufälliger Reihenfolge – ein geschicktes Ablenkungsmanöver; aber darauf kommt es beim Multiplizieren ja auch nicht an."

„Richtig. Weiter?"

„Nehmen wir Josephines Alter, 22. Mit $2\times3\times5\times7\times11\times13$ zu multiplizieren ist das gleiche wie zuerst mit $2\times3\times5 = 30$ zu multiplizieren und dann mit $7\times11\times13 = 1001$. Mit 30 zu multiplizieren ist das gleiche wie mit 3 malzunehmen und dann eine Null anzuhängen; es ergibt sich 660. Bei der anschließenden Multiplikation mit 1001 wird die Ziffernfolge einfach verdoppelt: 660660. Allgemein hat das Endergebnis immer die Form $ab0ab0$, wobei ab das Dreifache des Alters ist. Obwohl das Ergebnis sechs Ziffern hat, brauchst du nur zwei davon zu kennen – die beiden ersten."

„Ich habe aber nur nach der zweiten Ziffer gefragt."

„Das war in diesem Fall die Sechs. Das Dreifache ihres Alters ist also $a6$. Nun ist eine Zahl genau dann ein Vielfaches von 3, wenn das für ihre Quersumme gilt. Also muß a gleich 0, 3, 6 oder 9 sein. Somit ist das Dreifache ihres Alters 06, 36, 66 oder 96 und das Alter selbst 2, 12, 22 oder 32. Auf zehn Jahre genau kannst du das Alter einer Frau wohl schätzen, und deshalb wußtest du, daß nur 22 in Frage kommt."

„Du hast es fast durchschaut."

„Laß mich weiter raten. Sie muß unter 33 sein, sonst kommst du in Schwierigkeiten: mehr als sechs Ziffern auf dem Rechner. Hmmm … Du suchst dir immer Frauen aus, die nach einem Alter zwischen 19 und 28 Jahren aussehen, und schränkst so von vornherein die Möglichkeiten ein. Und selbst wenn deine Schätzung ein paar Jahre daneben liegt, kannst du leicht eine 17jährige von einer 27jährigen unterscheiden."

„So ungefähr."

„Und während du sagst ‚Dann sind Sie', rechnest du die fehlende Ziffer aus und teilst durch 3. Oder noch besser: Du multiplizierst die genannte Ziffer mit 3. Was bis zum nächsten Zehner fehlt, ist die letzte Ziffer des gesuchten Alters."

Er schüttelte den Kopf. „Nein, ich habe den Trick so oft gemacht, daß ich die Antwort auswendig weiß, sobald sie mir ihre Ziffer nennt. Stell mich auf die Probe. Nenne mir die Endziffer, und ich nenne dir sofort das Alter – wenn es zwischen 19 und 28 liegt."

„Gut. Sieben."

„Neunzehn."

„Acht."

„Sechsundzwanzig."

„Zwei."

„Vierundzwanzig."

„Ich bin überzeugt", gab ich zu. Später arbeitete ich die vollständige Tabelle aus. Es ist nicht schwierig, sie auswendig zu lernen:

Endziffer	0	1	2	3	4	5	6	7	8	9
Alter	20	27	24	21	28	25	22	19	26	23

„Das erinnert mich an ein interessantes mathematisches Problem", sagte ich und schenkte nach. „Die Faktorisierung $7 \times 11 \times 13$ der Zahl 1001 ist für eine der merkwürdigsten Koinzidenzen der ganzen Mathematik verantwortlich."

„Insofern irgend etwas in der Mathematik überhaupt eine Koinzidenz sein kann", meinte Maddox. Er hatte mir einen Schuh ausgezogen und Knoten in die Schnürsenkel gebunden. Nun schnitt er sie mit einer riesigen Schere in Stücke. Hoffentlich wußte er, was er tat. „Schließlich gibt es kein zufälliges Zusammentreffen in der Mathematik."

Das Pascalsche Dreieck

„Schon recht", sagte ich. „Aber es sieht manchmal so aus. Meine Koinzidenz hat mit dem Pascalschen Dreieck zu tun, der Tabelle der Binomialkoeffizienten."

„Kenne ich. Jede Zahl ist die Summe der beiden darüberstehenden, und an den Enden jeder Zeile steht eine 1. Bitte sehr." Er gab mir meinen Schuh zurück. Der Senkel war intakt, schien aber nur noch aus einer nahtlosen Endlosschleife ohne Knoten zu bestehen. Maddox schrieb auf seine Tafel:

$$
\begin{array}{ccccccccccccc}
 & & & & & & 1 & & & & & & \\
 & & & & & 1 & & 1 & & & & & \\
 & & & & 1 & & 2 & & 1 & & & & \\
 & & & 1 & & 3 & & 3 & & 1 & & & \\
 & & 1 & & 4 & & 6 & & 4 & & 1 & & \\
 & 1 & & 5 & & 10 & & 10 & & 5 & & 1 & \\
 1 & & 6 & & 15 & & 20 & & 15 & & 6 & & 1 \\
\end{array}
$$

„Danke, du kannst aufhören", unterbrach ich ihn hastig. Es macht mir immer Bauchschmerzen, allzuviele konkrete Zahlen auf einmal zu sehen. Ich beeilte mich, das Thema in angenehmere Bahnen zu lenken – abstrakte. Abgesehen von seiner allgemeinen Bedeutung für die Algebra und andere Gebiete ist das Pascalsche Dreieck auch vom zahlentheoretischen Standpunkt aus sehr interessant. Die allgemeine Formel für die r-te Zahl in der n-ten Zeile ist

$$\binom{n}{r} = \frac{n!}{r!(n-r)!} = \frac{n(n-1)\ldots(n-r+1)}{r(r-1)\ldots 3\times 2\times 1}$$

Im Beispiel:

$$\binom{14}{6} = \frac{14\times 13\times 12\times 11\times 10\times 9}{6\times 5\times 4\times 3\times 2\times 1} = 3003$$

Dabei läuft die Nummer r für die Zahlen der n-ten Zeile von 0 bis n. Obwohl das Pascalsche Dreieck über die Addition definiert ist, kommen in der allgemeinen Formel nur Multiplikation und Division vor. Das ist merkwürdig. Es können unerwartet Eigenschaften auftauchen, die mit Addition gar nichts zu tun haben.

„Könntest du diese Weisheit mit einem Beispiel erhellen?" bat Maddox.

„Aber selbstverständlich. Es sei n eine Primzahl. Dann sind alle Einträge in der n-ten Zeile des Pascalschen Dreiecks, außer dem nullten und dem letzten, durch n teilbar."

„Mal sehen … 5 ist eine Primzahl, und die Einträge in der fünften Zeile sind 1, 5, 10, 10, 5, 1. Alle außer 1 sind Vielfache von 5. Stimmt. Aber was haben Primzahlen mit Addition zu tun?"

„Zunächst einmal gar nichts. Das ist es ja gerade. Aber man kann trotzdem ohne weiteres einsehen, daß die Behauptung stets zutrifft. Der Zähler des Bruches ist $n(n-1)\ldots(n-r+1)$, und der enthält offensichtlich den Primfaktor n – außer wenn $r=0$ ist, denn dann ist der Ausdruck als leeres Produkt zu interpretieren und hat den Wert 1. Der Nenner ist $r(r-1)\ldots 1$. Da r kleiner als n ist, hat keine der Zahlen im Nenner einen gemeinsamen Teiler mit n, denn n ist eine Primzahl. Also kann der Faktor n im Zähler sich nicht herauskürzen, und folglich muß $\binom{n}{r}$ selbst durch n teilbar sein."

„Einleuchtend. Ja, ich sehe ein, es wäre wohl sehr mühsam, so etwas direkt aus der Definition durch Addition zu beweisen."

„Die Teilbarkeitsbeziehungen im Pascalschen Dreieck sind überhaupt sehr kompliziert. Wenn man alle Einträge markiert, die durch eine bestimmte Primzahl teilbar sind, erhält man eine Figur aus der fraktalen Geometrie, das Sierpiński-Dreieck (Bild). Und wenn man zusammengesetzte Zahlen anstelle der Primzahlen nimmt, ist es noch komplizierter. Es ist erstaunlich, daß es über das Pascalsche Dreieck überhaupt noch Neues zu entdecken gibt, obwohl es schon seit langer Zeit studiert wird."

„Nun ja, Blaise Pascal lebte von 1623 bis 1662. Das ist ein Weilchen her."

„Aber das Dreieck war schon lange vor ihm bekannt! Es prangt auf der Titelseite eines Arithmetikbuches von Petrus Apianus aus dem frühen 16. Jahrhundert, findet sich in einem chinesischen Mathematikbuch von 1303 und ist nachweisbar bis zurück zu dem persischen Universalgelehrten Omar Khayyám um 1100, der seinerseits mit großer Wahrscheinlichkeit aus noch

Teilbarkeitsbeziehungen im Pascalschen Dreieck. Das unterste der sechs Dreiecke zeigt ein weißes Feld, wo die entsprechende Zahl des Pascalschen Dreiecks gerade ist, im anderen Fall ein schwarzes. Es ergibt sich das aus der Theorie der Fraktale bekannte Sierpiński-Dreieck. Die anderen Dreiecke zeigen für $n = 3$ bis 7, im Uhrzeigersinn zu lesen, analoge Sierpiński-Dreiecke, für die die entsprechende Zahl des Pascalschen Dreiecks bei der Division durch n den Rest 0, 1, 2, 3, 4, 5 beziehungsweise 6 läßt. Die Dreiecke sind so angeordnet, daß die zum Mittelpunkt des Gesamtbildes weisende Spitze oben ist.

älteren arabischen oder chinesischen Quellen schöpfte. Der deutsche Mathematiker und protestantische Pfarrer Michael Stifel hat den Terminus Binomialkoeffizient um 1500 eingeführt; die explizite Formel findet sich dann bei Isaac Newton. Der mathematische Ausdruck – wenn auch nicht in dieser Schreibweise – und seine Interpretation als die Anzahl der Möglichkeiten, aus n Gegenständen r Stück auszuwählen, waren schon dem indischen Gelehrten Bhāskara im 12. Jahrhundert geläufig.

Und trotz dieser ehrwürdigen Geschichte sind viele Fragen immer noch offen. Eine der einfachsten hat David Singmaster 1971 gestellt: Wie oft kann eine Zahl im Pascalschen Dreieck vorkommen?"

„Wie bitte?"

„Nun, nehmen wir die Zahl 6. Sie kommt dreimal im Pascalschen Dreieck vor. Einmal fast am Anfang und fast am Ende von Zeile 6, und dann in der Mitte von Zeile 4:

$$\binom{6}{1} = \binom{6}{5} = \binom{4}{2} = 6.$$

Dieselbe Frage können wir für jede andere Zahl stellen."

„Ach so. Die Zahl 1 kommt natürlich unendlich oft vor."

„Ja, und es ist die einzige Zahl mit dieser Eigenschaft. Singmaster hat 1971 auch bewiesen, daß keine Zahl oberhalb von 1 häufiger als $2 + 2\log_2 n$ mal vorkommt. Viele Zahlen tauchen doppelt auf, da jede Zeile im Pascalschen Dreieck palindromisch ist, das heißt vorwärts und rückwärts gelesen gleich aussieht. Also erscheint jede Zahl, die nicht genau in der Mitte einer Zeile steht, zweimal in dieser Zeile."

„Und jede, die nicht in der Mitte und nicht an zweiter oder vorletzter Stelle ihrer Zeile steht, kommt wenigstens viermal vor", ergänzte Maddox.

„Richtig. Aber woher weißt du …?"

„Nun, nimm eine Zahl wie 15. Sie steht zweimal in der sechsten Zeile, als $\binom{6}{2}$ und $\binom{6}{4}$. Aber außerdem tritt sie auch als $\binom{15}{1}$ und $\binom{15}{14}$ in Erscheinung, denn die zweite und vorletzte Zahl in Zeile m sind stets gleich m."

„Ausgezeichnet!" lobte ich. „Wir wissen also, daß unendlich viele Zahlen wenigstens viermal im Pascalschen Dreieck vorkommen. Aber keine Zahl scheint erheblich häufiger aufzutreten. Singmaster fand heraus, daß unter den Zahlen bis 2^{48} eine einzige achtmal vorkommt und jede andere weniger oft. Er vermutete, daß die Anzahl der Male, die eine Zahl auftreten kann, generell durch eine Konstante k beschränkt ist. Die bisherigen Daten legen $k = 8$ nahe."

„Und welche ist die achtfach vorkommende Zahl?"

„3003. Deswegen erzähle ich ja die ganze Geschichte; denn 3003 ist gleich 3×1001, und die Faktorisierung von 1001 ist der Grund für das achtfache Auftreten von 3003."

Maddox lehnte sich zurück und zog geistesabwesend mehrere verknotete Taschentücher aus seinen Ohren. „Vielleicht erklärst du das etwas genauer."

„Singmaster entdeckte zu seiner Überraschung in den Zeilen 14 bis 16 des Pascalschen Dreiecks ab dem vierten Eintrag das folgende Muster:

Zeile 14 1001	2002	**3003**
Zeile 15 **3003**	5005	
Zeile 16 8008		

Zeile 14 ist die einzige, in der drei aufeinanderfolgende Einträge im Verhältnis 1:2:3 stehen. Und wenn du aus allen fünf Einträgen den gemeinsamen Faktor

175

1001 herausdividierst, erhältst du die Fibonacci-Zahlen 1,2,3,5,8 – das hängt mit der additiven Struktur des Pascalschen Dreiecks zusammen."

Im Kopf des Magiers konnte man es geradezu rattern hören. „Die Zahl 3003 steht viermal in diesen Zeilen: Bei $\binom{14}{6}$ und $\binom{15}{5}$ und an den entsprechenden Stellen am anderen Ende dieser Zeilen, nämlich $\binom{14}{8}$ und $\binom{15}{10}$."

„Richtig."

„Und außerdem steht sie zweimal in Zeile 3003, wie ich vorhin erklärt habe."

„Ja, bei $\binom{3003}{1}$ und $\binom{3003}{3002}$."

„Das sind zusammen sechs. Wo sind die beiden anderen Stellen?"

Ich lachte. „Das ist doch offensichtlich. Zeile 78. Bei $\binom{78}{2}$ und $\binom{78}{76}$."

Stirnrunzeln. „Das ist ganz und gar nicht offensichtlich."

„Ein Punkt für mich. Es ist eine Koinzidenz, und die hängt daran, daß 1001 gleich $7\times11\times13$ ist. Ich muß ein bißchen ausholen. Wenn wir in irgendeiner Zeile drei Zahlen finden, die im Verhältnis 1:2:3 stehen, dann tritt die dritte Zahl auch eine Zeile tiefer auf. Einleuchtend?"

„Ja. Die drei Zahlen sind dann a, $2a$ und $3a$. Und in der Zeile darunter muß dann $a+2a=3a$ auftauchen, denn jede Zahl im Pascalschen Dreieck ist die Summe der beiden darüberstehenden."

„Gut. Da die Zeilen palindromisch sind, kommt $3a$ zweimal in jeder der beiden Zeilen vor, und nach deiner Beobachtung außerdem zweimal in Zeile $3a$; zusammen sechsmal."

„So weit waren wir schon."

„Nimm nun an, daß die Zahl $3a$ auch noch eine Dreieckszahl ist, eine Summe aufeinanderfolgender natürlicher Zahlen $1+2+...+m$. Diese Zahlen sind genau die Binomialkoeffizienten $\binom{m+1}{2}$. Dann wird $3a$ in Zeile $m+1$ noch zweimal vorkommen. Macht zusammen acht."

„Das sehe ich auch ein, aber warum sollte es eine Dreieckszahl sein?"

„Keine Ahnung. Nehmen wir es einfach mal an."

„Na schön."

Ich merkte, daß meine Schnürsenkel sich seltsamerweise wieder normalisiert hatten. Ich wollte mich nicht ablenken lassen und fuhr fort: „Sehen wir uns die Werte $\binom{14}{4}$, $\binom{14}{5}$ und $\binom{14}{6}$ an. In der Formel

$$\binom{14}{4} = \frac{14\times13\times12\times11}{4\times3\times2\times1}$$

läßt sich die 4×3 im Nenner gegen die 12 im Zähler kürzen. Der Faktor 2 im Nenner teilt die 14 im Zähler, und man erhält 7. Übrig bleibt also $7\times11\times13$, was dir bekannt vorkommen wird."

„In der Tat."

„Nun zu $\binom{14}{5}$. Wir erhalten diese Zahl aus $\binom{14}{4}$, indem wir den Zähler mit 10 und den Nenner mit 5 malnehmen. Die 5 läßt sich kürzen, und es bleibt nur

**Nichttriviale Wiederholungen
im Pascalschen Dreieck**

$$120 = \binom{16}{2} = \binom{10}{3}$$

$$210 = \binom{21}{2} = \binom{10}{4}$$

$$1540 = \binom{56}{2} = \binom{22}{3}$$

$$7140 = \binom{120}{2} = \binom{36}{3}$$

$$11628 = \binom{153}{2} = \binom{19}{5}$$

$$24310 = \binom{221}{2} = \binom{17}{8}$$

$$3003 = \binom{78}{2} = \binom{15}{5} = \binom{14}{6}$$

noch 2. Also ist $\binom{14}{5} = \binom{14}{4} \times 2$. Schließlich haben wir noch $\binom{14}{6} = \binom{14}{5} \times (9/6)$, wobei der letzte Bruch sich zu 3/2 kürzt. Folglich stehen die drei aufeinanderfolgenden Zahlen im Verhältnis 1:2:3. Überlege dir nur, wie viele einzelne Beziehungen hier zusammentreffen müssen! Fast nicht auszudenken."

„Was ist mit den Dreieckszahlen?"

„Oh, Entschuldigung. Dreieckszahlen haben immer die Form $n\,(n+1)/2$, und 3003 ist eine, denn 3003 ist gleich $3 \times 7 \times 11 \times 13 = 77 \times 78/2$. Warum? Eine Koinzidenz, würde ich sagen, wie die anderen Beziehungen."

„Ich verstehe, was du meinst."

„Du wirst es noch besser verstehen, wenn du versuchst, Singmasters Vermutung über die global beschränkte Häufigkeit zu beweisen oder zu widerlegen. Du gerätst zwangsläufig in die schwierigsten Gedanken über mögliche seltsame Koinzidenzen. Das Problem ist sehr schwer, und niemand hat auch nur einen Ansatz zu einer Lösung."

„Das sieht wie eine der Fragen aus, mit der sich Hobbymathematiker gerne beschäftigen", sagte Maddox nachdenklich. „Nicht um das Problem zu lösen, sondern um zu sehen, wie weit man kommt. Beispielsweise Singmasters Rechnungen über 2^{48} hinaus weiterzuführen. Was weiß man sonst noch über das Problem?"

„Die einzigen nichttrivialen Wiederholungen bis 2^{48} sind schnell aufgeschrieben (siehe Tabelle). Singmaster hat 1975 bewiesen, daß es unendlich viele Zahlen gibt, die wenigstens sechsmal im Pascalschen Dreieck stehen, zum Beispiel

$$\binom{104}{39} = \binom{103}{40}$$

$= 61\,218\,182\,743\,304\,701\,891\,431\,482\,520.$

Diese Zahl (eine der kleinsten, die man mit Singmasters Methode findet) taucht sogar genau sechsmal auf. Aber vielleicht kommt manche größere noch öfter vor? Du könntest die gleiche Frage für das Stirlingsche Dreieck stellen, in dem jede Zahl die Summe aus der links darüberstehenden und dem Doppelten der rechts darüberstehenden Zahl ist", schlug ich vor. „Das sieht dann so aus:

```
              1    1
          1    3    1
       1    7    5    1
    1   15   17    7    1
 1   31   49   31    9    1
1  63  129  111   49   11    1
```

Oder für das Bernoullische Dreieck

```
              1    2
          1    3    4
       1    4    7    8
    1    5   11   15   16
 1    6   16   26   31   32
1   7   22   42   57   63   64,
```

das wie das Pascalsche gebildet wird, nur daß rechts außen die Potenzen von 2 stehen."

Maddox machte einen etwas erschöpften Eindruck. „Mir wäre nie in den Sinn gekommen, daß eine so einfache Frage so schwer zu beantworten ist oder in solch trübes Wasser führt." Er stierte in sein Weinglas, als enthalte es alle Geheimnisse des Universums, fischte eine Fliege heraus, schnippte mit den Fingern, und das Tierchen verwandelte sich in ein Chamäleon und rannte davon. „Aber", fuhr er fort, „diese Geschichte mit 1001 ist doch keine Koinzidenz."

„Nein?" sagte ich. „Was sonst?"

„Magie."

Literaturhinweise

On the Number of Times an Integer Occurs as a Binomial Coefficient. Von H. L. Abbott, P. Erdös und D. Hanson in: American Mathematical Monthly, Band 81, Seiten 256 bis 261, 1974.

How Often Does an Integer Occur as a Binomial Coefficient? Von D. Singmaster in: American Mathematical Monthly, Band 78, Seiten 385 bis 386, 1971.

Repeated Binomial Coefficients and Fibonacci Numbers. Von David Singmaster in: Fibonacci Quarterly, Band 13, Seiten 295 bis 298, 1975.

17
Kartographen-Alpträume

Als der Kurator Jean-Jacques LeMaire letzten Herbst in einem Lagerraum des Louvre herumstöberte, entdeckte er einen Karton mit unveröffentlichten Manuskripten von Jules Verne. In mühsamer Kleinarbeit gelang es ihm, aus den von Mäusen angefressenen Blättern ein bisher unbekanntes Kapitel aus Vernes klassischem, 1865 erschienenem Roman „Von der Erde zum Mond" zu rekonstruieren, das mit seiner freundlichen Genehmigung hier abgedruckt ist.

Major Elphiston schritt unruhig unter der Kuppel des Observatoriums von Baltimore umher, während sein Mitarbeiter J. T. Maston durch das Okular des Teleskops blickte. „Ich sehe sie noch nicht", sagte Maston nervös.

„Darf ich mal durchschauen?" fragte Elphiston.

„Natürlich", erwiderte Maston und griff nach einer dicken Kladde mit mathematischen Berechnungen. „Wenn die Menge an Schießbaumwolle auch nur um ein Prozent falsch berechnet wurde, könnte das eine Verzögerung von mehreren Stunden bewirken. Ich meine, wir sollten noch nicht schließen, daß Barbicane und seine zwei Begleiter Nicholl und Ardan ein schreckliches Schicksal ereilt hat."

„Richtig", seufzte Elphistone. „Man muß immer optimistisch bleiben."

Der Major schlotterte. „Es ist teuflisch kalt hier draußen auf Long's Peak! Ich schlage vor, wir gehen für eine Stunde ins Hauptgebäude und suchen dann hier weiter."

„Und wenn derweil eine Nachricht auf dem Morseschreiber eingeht?" Sie starrten auf die kleine, in einer Ecke unter der Kuppel installierte Maschine.

„Alle Nachrichten werden auf dem Papierstreifen aufgezeichnet, Maston. Wir können sie lesen, wenn wir zurückkommen."

Nicht ohne einen gewissen Widerwillen folgte Maston dem Major in den warmen Aufenthaltsraum.

Während man auf Kaffee und Sandwiches wartete, stierte der Major auf eine Weltkarte an der Wand. Die Gebiete unter preußischer Herrschaft waren blau dargestellt, die französischen grün, die amerikanischen violett und die britischen rosarot.

Bei Elphiston regte sich mit Macht der amerikanische Nationalstolz. „Bald wird die Karte neu gezeichnet werden müssen", prahlte er.

„Wie bitte?"

„Wir werden eine Karte des Mondes anfügen – in violett. Es kann ja sein, daß über dem britischen Weltreich die Sonne nicht untergeht, aber das amerikanische Mondreich wird über jeder Nation der Erde aufgehen!"

„Aha", bemerkte Maston, dem an einem Weltreich wenig gelegen war. „Aber ein bißchen Grün wird vielleicht auch nötig sein."

„Wieso das?"

„Auf der Mondkarte", erklärte Maston. „Vergessen Sie nicht, daß Michel Ardan Franzose ist." Er versuchte das Thema zu wechseln und begab sich zur Karte an der Wand. „Ich habe nie recht verstanden, warum die Kartographen so viele Farben verwenden. Hier sind es mindestens ein Dutzend."

„Ach ja? Wird wohl notwendig sein, damit man aneinandergrenzende Länder an der Farbe unterscheiden kann."

„Nein, nein. Ich habe einen Verwandten, einen Mathematiker von der Harvard-Universität…"

„Wo ist denn die Klippschule?"

„Cambridge."

„Sie haben Verwandte in England?"

Maston wehrte heftig ab. „Ach was. Cambridge, Massachusetts."

„Das muß aber ein merkwürdiges Kuhdorf sein."

Maston ließ sich nicht beirren. „Er hat mir erzählt, ein anderer Mathmatiker namens Percival Heawood habe bewiesen, daß man jede Landkarte von der Oberfläche des Globus mit höchstens fünf Farben färben kann. Soweit ich mich entsinne, wurde das Problem zuerst von dem Engländer Francis Guthrie 1852 gestellt."

Anmerkung: Arthur Kempe, ein Rechtsanwalt und Mitglied der Londoner Mathematischen Gesellschaft, behauptete 1879, er habe einen Beweis dafür gefunden, daß bereits vier Farben genügen. Aber elf Jahre später fand Heawood einen versteckten Fehler darin. Fast ein Jahrhundert lang wußte niemand, ob man wirklich jede Landkarte mit vier Farben färben kann. Das bewiesen erst 1976 Kenneth Appel und Wolfgang Haken von der Universität von Illinois in Urbana unter massiver Verwendung des Computers (vergleiche ihren Artikel in der Erstedition von Spektrum der Wissenschaft, Oktober 1978, Seite 82).

Elphiston dachte einen Augenblick nach. „Was ist, wenn 100 Länder einen gemeinsamen Grenzpunkt haben, wie Tortenstücke, die sich alle im Mittelpunkt treffen?"

„Das stört nicht besonders. Gefordert sind verschiedene Farben nur dann, wenn zwei Länder ein Stück Grenze gemeinsam haben, das länger als null ist. Anscheinend wurden auf dieser Karte viel mehr Farben als nötig verwendet. Aber vermutlich spielen noch andere Gesichtspunkte als nur die Nachbarschaft eine Rolle."

Elphiston bestellte sich einen Brandy. Plötzlich sprang Maston auf. „Dagab es doch eine Verallgemeinerung des Problems", sagte er. „Anstelle von Ländern betrachten wir Reiche, Britannien mit all seinen Kolonien zum Beispiel. Länder, die zum selben Reich gehören, sollen gleich gefärbt werden. Es dürfen auch verschiedene Reiche die gleiche Farbe bekommen - solange aneinandergrenzende Länder verschieden gefärbt sind."

„Logisch."

„Insbesondere müssen zwei Reiche, die irgendwo auf der Welt aneinandergrenzende Territorien besitzen, verschiedene Farben erhalten."

„Dann dürfte das Färbeproblem um so schwieriger sein, je zerstückelter das Territorium eines Reiches ist", entgegnete der Major. „Ich habe die Europäer und ihre Kleinstaaterei noch nie verstanden."

Maston dozierte weiter. „Wenn es auf der Erde nur 2-Reiche gäbe…"

„Zwei Reiche?"

„2-Reiche. Ein 2-Reich besteht aus zwei getrennten, aber in sich zusammenhängenden Territorien."

„Ach so."

„…Dann braucht man möglicherweise zwölf Farben" (Bild 1 links oben).

„Wenn es aber mehr als zwölf 2-Reiche gibt?"

„Dann vermute ich, daß man immer noch mit zwölf Farben auskommt."

Anmerkung: Diese Vermutung hat Heawood 1890 bewiesen. Er konnte sogar zeigen, daß man jede Karte, die nur m-Reiche (das heißt Reiche, die aus m Territorien bestehen) enthält, mit 6m Farben färben kann. Daß man im allgemeinen nicht mit weniger auskommt, haben erst 1984 Brad Jackson von der kalifornischen Staatsuniversität San José und Gerhard Ringel von der Universität von Kalifornien in Santa Cruz bewiesen. Bild 1 zeigt eine Karte mit achtzehn paarweise benachbarten 3-Reichen, entdeckt von Herbert Taylor von der Universität von Süd-Kalifornien in Los Angeles, und eine mit dreißig 5-Reichen.

Der Major bestellte sich einen zweiten Brandy. „Würde es einen Unterschied machen, wenn einige der Länder auf dem Mond liegen würden?"

Maston dachte einen Augenblick nach. „Wahrscheinlich", erwiderte er dann. „Das Färbeproblem wird einfacher. Schließlich betrachten wir dann Landkarten auf zwei Kugeln statt auf einer. Da gibt es auf jeder Kugel weniger Länder, die aneinandergrenzen könnten. Der einfachste Fall dürfte sein, daß jedes Land auf der Erde zu einem 2-Reich gehört, dessen zweites Land eine Mondkolonie ist. Dann wird die maximale Anzahl der benötigten Farben irgendwo zwischen acht und zwölf liegen (Bild 2)."

Anmerkung: Rolf Sulanke vom Institut für Reine Mathematik der Humboldt-Universität in Berlin hat gezeigt, daß für einige solcher Karten neun Farben erforderlich sind, aber es ist immer noch nicht bekannt, ob die richtige Antwort 9, 10, 11 oder 12 ist. Ein weiteres interessantes Problem sind 3-

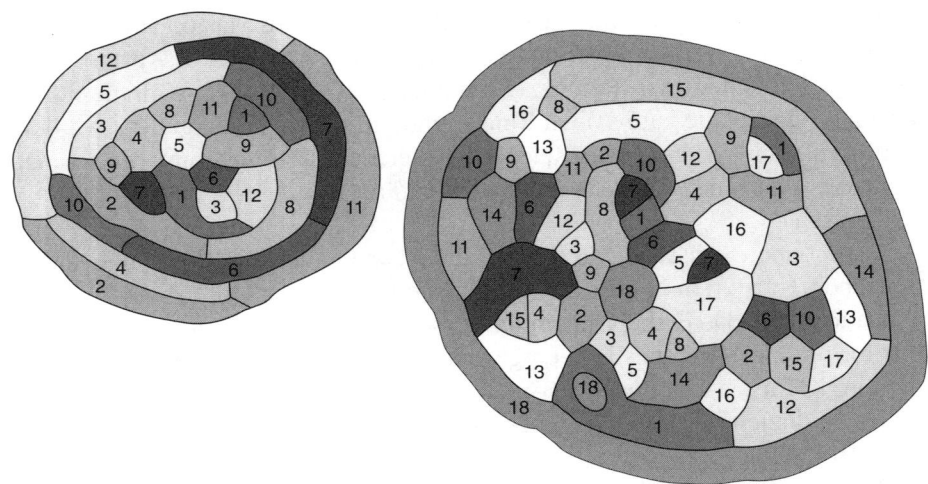

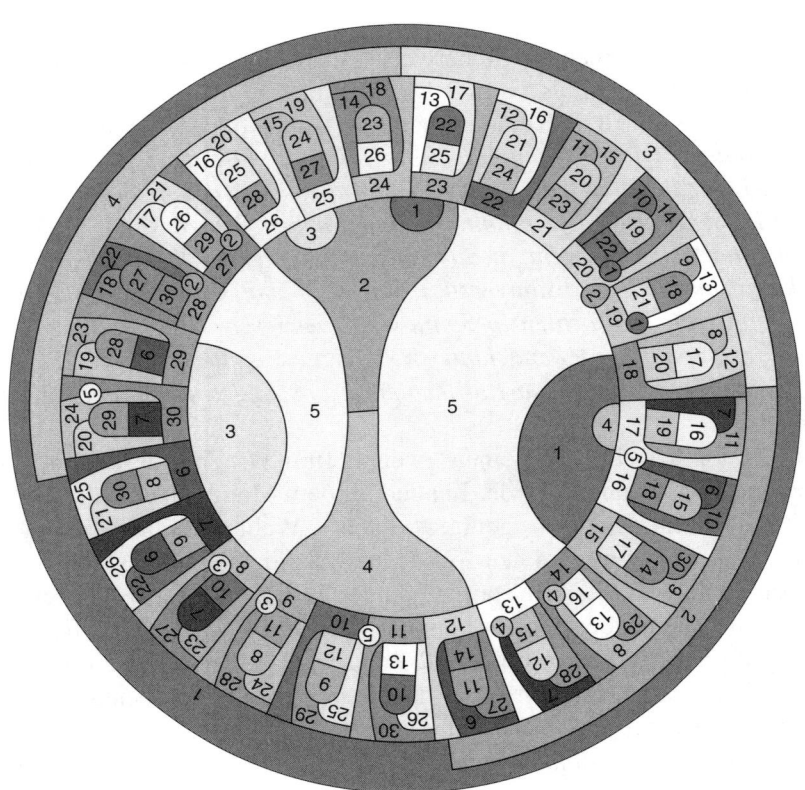

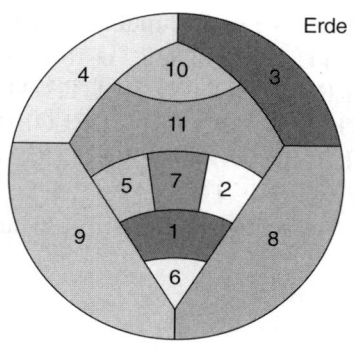

Erde

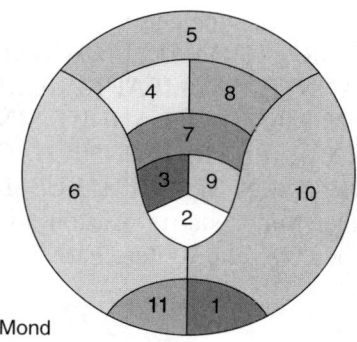

Mond

Bild 2: Noch ein Alptraum für den Kartographen. Wie viele Farben braucht man höchstens für eine Weltkarte, wenn die Welt aus Reichen mit je zwei Territorien besteht, eines auf der Erde und eines auf dem Mond? Das Beispiel zeigt, daß man manchmal mindestens 9 Farben benötigt. Aber bisher weiß niemand, ob für eine andere Aufteilung von Erde und Mond 10, 11 oder sogar 12 Farben erforderlich sind.

Reiche, von denen jedes ein Territorium auf der Erde, dem Mond und dem Mars hat. In diesem Falle ist die minimale Farbenzahl 16, 17 oder 18, allgemein $6m-2$, $6m-1$ oder $6m$; dabei ist $m \geq 3$ die Anzahl der Kugeln, auf denen jedes Reich je ein Territorrium hat.

Elphistone und Maston gingen zurück ins Observatorium.

„Immer noch nichts", stellte Elphiston fest, nachdem er den Papierstreifen des Schreibers überprüft hatte. Maston drehte an einer großen Kurbel und bewegte das Teleskop. Dann beugte er sich nieder und blickte durch das Okular.

„Schon was zu sehen?"

„Immer noch nichts." Maston drehte an den Stellschrauben. „Ah! Da ist es!"

Der Major schaute durch und konnte den kleinen Fleck vor dem Hintergrund der Mondlandschaft kaum erkennen. „Sie haben es also geschafft. Bald werden wir eine neue Karte mit einem violetten Mond haben."

„Und einem Streifen grün darin."

„Ja, natürlich", konzedierte Elphiston und blickte wieder durch das Teleskop. „Aber was sind das für merkwürdige Flecken neben unserem Raumschiff?"

◄ **Bild 1:** Der Alptraum der Kartographen. Wenn man eine Landkarte mehrerer Reiche zu zeichnen hätte, deren jedes aus genau zwei Ländern besteht, wieviel Farben braucht man mindestens, wenn jedes Reich einheitlich gefärbt werden soll und nirgendwo Territorien verschiedener Reiche mit der gleichen Farbe aneinandergrenzen dürfen? Die Karte oben links erfordert 12 Farben; diese Anzahl ist ausreichend für alle Karten, bei denen ein Reich aus genau zwei Ländern besteht. Bei Reichen aus jeweils drei Ländern kommt man stets mit 18 Farben aus (oben rechts), bei Reichen aus je fünf Ländern mit 30 Farben (unten).

Der Ticker begann plötzlich zu klappern. Maston rannte hinüber und las: INTERNATIONALE NACHRICHTENAGENTUR MELDET, DASS BEMANNTE RAUMFAHRZEUGE FOLGENDER NATIONEN HEUTE AUF DEM MOND GELANDET SIND: ARGENTINIEN, BAYERN, BELGIEN, BRASILIEN, BRITANNIEN, CHINA, HOLLAND, JAPAN, PORTUGAL, PREUSSEN, SPANIEN, RUSSLAND UND VEREINIGTE STAATEN."

Der Major starrte Maston an. „Wie sagten Sie soeben? Violett, grün und sieben bis zehn weitere Farben?"

Literaturhinweis

Pearls in Graph Theory: A Comprehensive Introduction. Von Nora Hartsfield und Gerhard Ringel. Academic Press, 1990.

Index